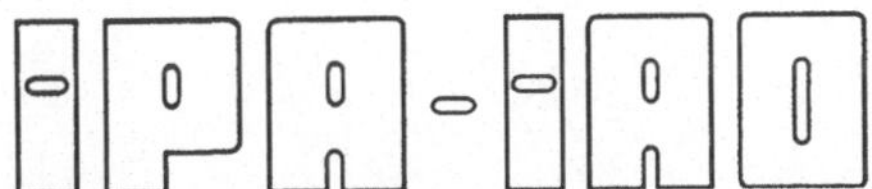

Forschung und Praxis

Band 287

Berichte aus dem
Fraunhofer-Institut für Produktionstechnik
und Automatisierung (IPA), Stuttgart,
Fraunhofer-Institut für Arbeitswirtschaft
und Organisation (IAO), Stuttgart,
Institut für Industrielle Fertigung und
Fabrikbetrieb der Universität Stuttgart und
Institut für Arbeitswissenschaft und
Technologiemanagement, Universität Stuttgart

Herausgeber: H. J. Warnecke, E. Westkämper
und H.-J. Bullinger

Springer

Berlin
Heidelberg
New York
Barcelona
Budapest
Hongkong
London
Mailand
Paris
Singapur
Tokio

Gerd Aupperle

Ein generisches Optimierungsmodell für Zuordnungs- und Anpassungsaufgaben im Rahmen der Kapazitätsabstimmung

Mit 56 Abbildungen

Springer

Dr.-Ing. Dipl.-Math. Gerd Aupperle
Fraunhofer-Institut für Produktionstechnik und Automatisierung (IPA), Stuttgart

Prof. Dr.-Ing. Dr. h. c. mult. H. J. Warnecke
o. Professor an der Universität Stuttgart
Präsident der Fraunhofer-Gesellschaft, München

Prof. Dr.-Ing. Dr. h. c. E. Westkämper
o. Professor an der Universität Stuttgart
Fraunhofer-Institut für Produktionstechnik und Automatisierung (IPA), Stuttgart

Prof. Dr.-Ing. habil. Prof. e. h. Dr. h. c. H.-J. Bullinger
o. Professor an der Universität Stuttgart
Fraunhofer-Institut für Arbeitswirtschaft und Organisation (IAO), Stuttgart

D 93

ISBN-13: 978-3-540-65639-5   e-ISBN-13: 978-3-642-47975-5
DOI: 10.1007/978-3-642-47975-5

Gesamtherstellung: Copydruck GmbH, Heimsheim
SPIN 10716433   62/3020−5 4 3 2 1 0

Geleitwort der Herausgeber

Über den Erfolg und das Bestehen von Unternehmen in einer marktwirtschaftlichen Ordnung entscheidet letztendlich der Absatzmarkt. Das bedeutet, möglichst frühzeitig absatzmarktorientierte Anforderungen sowie deren Veränderungen zu erkennen und darauf zu reagieren.

Neue Technologien und Werkstoffe ermöglichen neue Produkte und eröffnen neue Märkte. Die neuen Produktions- und Informationstechnologien verwandeln signifikant und nachhaltig unsere industrielle Arbeitswelt. Politische und gesellschaftliche Veränderungen signalisieren und begleiten dabei einen Wertewandel, der auch in unseren Industriebetrieben deutlichen Niederschlag findet.

Die Aufgaben des Produktionsmanagements sind vielfältiger und anspruchsvoller geworden. Die Integration des europäischen Marktes, die Globalisierung vieler Industrien, die zunehmende Innovationsgeschwindigkeit, die Entwicklung zur Freizeitgesellschaft und die übergreifenden ökologischen und sozialen Probleme, zu deren Lösung die Wirtschaft ihren Beitrag leisten muß, erfordern von den Führungskräften erweiterte Perspektiven und Antworten, die über den Fokus traditionellen Produktionsmanagements deutlich hinausgehen.

Neue Formen der Arbeitsorganisation im indirekten und direkten Bereich sind heute schon feste Bestandteile innovativer Unternehmen. Die Entkopplung der Arbeitszeit von der Betriebszeit, integrierte Planungsansätze sowie der Aufbau dezentraler Strukturen sind nur einige der Konzepte, welche die aktuellen Entwicklungsrichtungen kennzeichnen. Erfreulich ist der Trend, immer mehr den Menschen in den Mittelpunkt der Arbeitsgestaltung zu stellen - die traditionell eher technokratisch akzentuierten Ansätze weichen einer stärkeren Human- und Organisationsorientierung. Qualifizierungsprogramme, Training und andere Formen der Mitarbeiterentwicklung gewinnen als Differenzierungsmerkmal und als Zukunftsinvestition in *Human Resources* an strategischer Bedeutung.

Von wissenschaftlicher Seite muß dieses Bemühen durch die Entwicklung von Methoden und Vorgehensweisen zur systematischen Analyse und Verbesserung des Systems Produktionsbetrieb einschließlich der erforderlichen Dienstleistungsfunktionen unterstützt werden. Die Ingenieure sind hier gefordert, in enger Zusammenarbeit mit anderen Disziplinen, z. B. der Informatik, der Wirtschaftswissenschaften und der Arbeitswissenschaft, Lösungen zu erarbeiten, die den veränderten Randbedingungen Rechnung tragen.

Die von den Herausgebern langjährig geleiteten Institute, das

- Institut für Industrielle Fertigung und Fabrikbetrieb der Universität Stuttgart (IFF),

- Institut für Arbeitswissenschaft und Technologiemanagement (IAT),

- Fraunhofer-Institut für Produktionstechnik und Automatisierung (IPA),

- Fraunhofer-Institut für Arbeitswirtschaft und Organisation (IAO) arbeiten in grundlegender und angewandter Forschung intensiv an den oben aufgezeigten Entwicklungen mit. Die Ausstattung der Labors und die Qualifikation der Mitarbeiter haben bereits in der Vergangenheit zu Forschungsergebnissen geführt, die für die Praxis von großem Wert waren. Zur Umsetzung gewonnener Erkenntnisse wird die Schriftenreihe „IPA-IAO - Forschung und Praxis" herausgegeben. Der vorliegende Band setzt diese Reihe fort. Eine Übersicht über bisher erschienene Titel wird am Schluß dieses Buches gegeben.

Dem Verfasser sei für die geleistete Arbeit gedankt, dem Springer-Verlag für die Aufnahme dieser Schriftenreihe in seine Angebotspalette und der Druckerei für saubere und zügige Ausführung. Möge das Buch von der Fachwelt gut aufgenommen werden.

H. J. Warnecke   E. Westkämper   H.-J. Bullinger

Vorwort des Verfassers

Die vorliegende Arbeit entstand während meiner Tätigkeit am Fraunhofer-Institut für Produktionstechnik und Automatisierung (IPA), Stuttgart.

Herrn Prof. Dr.-Ing. Dr. h.c. Westkämper bin ich für die Betreuung der Arbeit und die damit verbundenen kontroversen Diskussionen zu Dank verpflichtet. Mein Dank gilt auch in besonderem Maße Herrn Prof. Dr. Schönsleben, ETH Zürich, für die sorgfältige und fachlich konstruktive Durchsicht der Arbeit sowie die Übernahme des Mitberichts.

Ein herzlicher Dank geht an Herrn Dr. Hans-Jürgen Braun für seine Vorarbeiten zu dieser Arbeit und den Ansporn, dieses Thema zu bearbeiten. Herrn Dr. Stefan König danke ich für die fachlich exakten und motivierenden Diskussionen bei der Betreung dieser Arbeit. Auch Herrn Dr. Sihn danke ich für seine Unterstützung.

Allen Mitarbeitern des Instituts, die mir durch ihre Einsatz- und Hilfsbereitschaft die Erstellung der Arbeit erleichtert haben, danke ich vielmals. Stellvertretend für viele danke ich Günther Burr und Jörg Pirron für tiefgehende Diskussionen, Gerda Pöschel, Roman Huber und Markus Mauchart für die Umsetzung, Ulrike Heinzelmann für die Bilder, Tanja Baumgart sowie unserer Bibliothek für die Hilfe bei der Literaturrecherche. Ein herzlicher Dank gilt Sabine Bierschenk und Patrick Balve für ihre Unterstützung bei der Prüfungsvorbereitung und Brigitte Späth für die sorgfältige Korrektur.

Ein besonderer Dank gilt meiner Lebensgefährtin Elke, die mit großer Geduld und Zuversicht die Belastungen eines Promotionsverfahrens auf sich nahm. Ohne ihre Unterstützung hätte ich es nicht geschafft. Vielen Dank auch für das Verständnis, das mir in dieser Zeit meine Familie und Freunde entgegengebracht haben.

Stuttgart, im Februar 1999   Gerd Aupperle

Inhaltsverzeichnis

Abkürzungsverzeichnis

Zeichen	Bedeutung
$\forall$	Mathematisches Symbol für „für alle"
ς	Zielfunktion des dynamischen Zuordnungsmodells, beispielsweise Auf- und/oder Abrüstkosten
$_{zu}\Delta_{\alpha,\beta,t}$ bzw. $_{auf}\Delta_{\alpha,\beta,t}$	Variable, die anzeigt, ob am Ende des Planungszeitabschnitts $PZA_{z,t}$ die Zuordnung des Elements β zum Element α durchgeführt bzw. aufgelöst wurde
$_{zu}\varpi_{\alpha,\beta}$ bzw. $_{auf}\varpi_{\alpha,\beta}$	Parameter gibt den Aufwand in Zeit oder Kosten an, der beim Veranlassen bzw. beim Auflösen einer Zuordnung entsteht
a	Index der Artikel
$\alpha = 1, \dots A$	Index der Elemente der Menge S^1 des Zuordnungsmodells
A. d. V.	Anmerkung des Verfassers
a.a.O.	am angegebenen Ort
$A := \{A_a \mid a = 1, \dots A\}$	Menge aller Artikel
A_a	Artikel (Produkt, Baugruppe, Einzelteil oder Material)
AF	Anpassungsfunktion, d.h. Abbildung der Variablen des Anpassungsmodells in die Reellen Zahlen
ASCII	American Standard Code for Information Interchange
$B := \{B_b \mid b = 1, \dots B\}$	Menge aller Beziehungen
b	Index der Beziehungen
$\beta = 1, \dots B$	Index der Elemente der Menge S^2 des Zuordnungsmodells
BA	Abbildung (Bedarf Artikel) gibt für jeden Auftrag an, welcher Artikel A_a in welchem Planungszeitabschnitt $PZA_{z,t}$ in welcher Menge $BA_{o,a,z,t}$ beauftragt wird
$b_{\alpha,\beta}$	Dauer der Bearbeitung des Auftrags α auf der Maschine β
BAR	Abbildung (Belegung Auftrag Ressource) gibt mittels der binären Variable $BAR_{o,r,z,t}$ an, welcher Auftrag O_o in welchem Planungszeitabschnitt $PZA_{z,t}$ auf welcher Ressource R_r bearbeitet wird
$BAR_{o,r,z,t}$	binäre Variable, die angibt, ob Auftrag O_o im Planungszeitabschnitt $PZA_{z,t}$ auf der Ressource R_r bearbeitet wird

B_b	Relation, Beziehung im Sinne einer mathematischen Abbildung
b_δ	Kapazitätsbedarf einer Ressource R_δ
BOA	Belastungsorientierte Auftragsfreigabe
$BA_{o,a,z,t}$	mittels des Auftrags O_o beauftragte Menge des Artikels A_a
BRR	Abbildung (Belegung Ressource Ressource) gibt an, welche Ressource $R_{r'}$ in welchem Planungszeitabschnitt $PZA_{z,t}$ welcher Ressource R_r zugeordnet wird
$BRR_{r,r',z,t}$	binäre Variable, die angibt, ob Ressource $R_{r'}$ im Planungszeitabschnitt $PZA_{z,t}$ der Ressource R_r zugeordnet wird
bzw.	beziehungsweise
CIM	Computer-Integrated Manufacturing
CIM AG	CIM Arbeitsgemeinschaft im Projekt KCIM/Q des bmb+f
$\Delta_{\alpha,\beta,\beta',t}$	Variable, die den Ersatz des Elements β durch das Element β' in der Zuordnung zum festen Element α im Planungszeitabschnitt $PZA_{z,t}$ anzeigt
$\delta = 1, \ldots \Delta$	Index der Elemente der Menge S^4 des Anpassungsmodells
DIN	Deutsches Institut für Normung e.V.
DV	Datenverarbeitung
ε	Eignung
EDV	Elektronische Datenverarbeitung
FFS	Flexible Fertigungssysteme
FIFO	first in, first out
FORTRAN	Formular Translating System
$\gamma = 1, \ldots \Gamma$	Index der Elemente der Menge S^3 des Zuordnungsmodells
$H := \{H_h \mid h = 1, \ldots H\}$	Menge aller Hierarchien
h	Index der Hierarchien
h	Stunde
H_h	Hierarchie
HZ	Hierarchie der Zeitsysteme
i.d.R.	in der Regel

$IDR_{a,b}$	indirekter Ressourcenbedarf: Ressource R_b benötigt zur Zurverfügungstellung einer Einheit seiner Kapazität $IDR_{a,b}$ Kapazitätseinheiten der Ressource R_a für die Herstellung eines Artikels
ISO	International Organization for Standardization
JIT	Just-in-time
$k_{\alpha,\beta}$	Kosten der Bearbeitung des Auftrags α auf der Maschine β
KBA	Abbildung (Kapazitätsbedarf Artikel) gibt den Ressourcenbedarf $KBA_{a,r,z,t}$ eines Artikels A_a (bezogen auf 1 Stück) an der Ressource R_r zeitabschnittsbezogen an
$KBA_{a,r,z,t}$	Ressourcenbedarf eines Artikels A_a (bezogen auf 1 Stück) an der Ressource R_r im Planungszeitabschnitt $PZA_{z,t}$
KBR	Abbildung (Kapazitätsbedarf Ressource), bezeichnet mittels $KBR_{r,z,t}$ den Bedarf an Kapazität der Ressource R_r im Planungszeitabschnitt $PZA_{z,t}$
$KBR_{r,z,t}$	Bedarf an Kapazität der Ressource R_r im Planungszeitabschnitt $PZA_{z,t}$
KCIM	Kommission Computer-Integrated Manufacturing im Deutschen Institut für Normung
k_δ	variable Kosten einer Ressource
KKR	Abbildung (Kumulierter Kapazitätsbestand Ressource) gibt den über alle Planungszeitabschnitte bis zu einem aktuellen Planungszeitabschnitt $PZA_{z,t}$ „kumulierten" Kapazitätsbestand einer Ressource R_r an
$KKR_{r,z,t}$	über alle Planungszeitabschnitte bis zu einem aktuellen Planungszeitabschnitt $PZA_{z,t}$ kumulierter Kapazitätsbestand einer Ressource R_r
$KME := \{KME_e \mid e = 1,..E\}$	Menge der Kapazitätsmaßeinheiten
KME_e	Kapazitätsmaßeinheit
Korma	Kapazitätsorientierte Materialbewirtschaftung
KVR	Abbildung (Kapazitätsverfügbarkeit Ressource), bezeichnet mittels $KVR_{r,z,t}$ die Verfügbarkeit an Kapazität der Ressource R_r im Planungszeitabschnitt $PZA_{z,t}$
$KVR_{r,z,t}$	Verfügbarkeit an Kapazität der Ressource R_r im Planungszeitabschnitt $PZA_{z,t}$
λ_δ	Leistung einer Ressource R_δ (KME pro verfügbarer Stunde)

LP	Lineare Programmierung
$M := \{M_m \mid m = 1, \ldots M\}$	Menge aller Merkmale
m	Index der Merkmale
M_m	Merkmal
MRP	Material Requirements Planning
MRP II	Manufacturing Resources Planning
$n!$	mathematisches Symbol für Fakultät $n! = n \cdot (n-1) \cdot \ldots \cdot 2 \cdot 1$
$O := \{O_o \mid o = 1, \ldots O\}$	Menge aller betrachteten Aufträge
o	Index der Aufträge
$\circ$	mathematisches Zeichen für die Verkettung von Funktionen
o.B.d.A.	ohne Beschränkung der Allgemeinheit
OMT	Object Modeling Technique
O_o	Auftrag
OR	Operations Research
PPS	Produktionsplanung und -steuerung
$PZA_{z,t}$	t-ter Planungszeitabschnitt des Zeitsystems Z_z
QCIM	Qualitätssicherung durch CIM (Projekt des Bundesministeriums für Bildung, Wissenschaft, Forschung und Technologie bmb+f)
$R := \{R_r \mid r = 1, \ldots R\}$	Menge aller Ressourcen
r	Index der Ressourcen
REFA	Reichsausschuß für Arbeitszeitermittlung, Verband für Arbeitsstudien und Betriebsorganisation e.V.
R_r	Ressource
RWTH	Rheinisch-Westfälische Technische Hochschule
S^1, S^2, S^3	Mengen oder Teilmengen des Zuordnungsmodells
S^4	Menge oder Teilmenge des Anpassungsmodells
S^5	Menge der Planungszeitabschnitte des im dynamischen Zuordnungsmodell betrachteten Zeitsystems
SAP AG	Systeme, Anwendungen, Produkte (Anbieter von betriebswirtschaftlichen Software-Lösungen)
Stk.	Stück
HZ	Hierarchie der Zeitsysteme
T	Vereinigung aller Planungszeitabschnitte aller Zeitsysteme

$t = 1 \ldots T(z)$	Index der Planungszeitabschnitte $PZA_{z,t}$
$T(z)$	Planungshorizont des Zeitsystems Z_z, d.h. Anzahl der Planungszeitabschnitte $PZA_{z,t}$
t_e	Einzelzeit
t_o	Summationsende
t_u	Summationsanfang
U	Nutzenfunktion
U_{AF}	mit einer Anpassungsfunktion verkettete Nutzenfunktion
U_g	Gesamtnutzenfunktion
U_{ZOF}	Mit einer Zuordnungsfunktion verkettete Nutzenfunktion
$v_{\beta,t}$	Verfügbarkeit des Mitarbeiters β im Planungszeitabschnitt $PZA_{z,t}$
VDI	Verein Deutscher Ingenieure
VR	Abbildung (Verfügbarkeit Ressource) gibt an, wie lange ($VR_{r,z,t}$) eine Ressource R_r im Planungszeitabschnitt $PZA_{z,t}$ verfügbar ist
$VR_{r,z,t}$	Dauer der Verfügbarkeit einer Ressource R_r im Planungszeitabschnitt $PZA_{z,t}$
Ω	Zielfunktion des dynamischen Zuordnungsmodells, z.B. Werkzeugwechselkosten
$\omega_{\alpha,\beta,\beta'}$	Parameter, der den Aufwand beim Wechsel der Zuordnung von β auf β' beim fixen Element α bezeichnet
WZL	Laboratorium für Werkzeugmaschinen und Betriebslehre der RWTH Aachen
Ξ	Definitionsbereich der Zuordnungsvariablen
x	Kartesisches Produkt (Kreuzprodukt) zweier Mengen
$\xi = (\xi_{\alpha,\beta,t})$, $\xi = (\xi_{\alpha,\beta,\gamma,t})$	zeitabhängige Zuordnungsvariable
$\xi = (\xi_{\alpha,\beta,\gamma})$, $(\xi_{\alpha,\beta})$	zeitunabhängige Zuordnungsvariable
Ξ'	Menge aller zulässigen Lösungen des Zuordnungsmodells
Ψ	Definitionsbereich der Anpassungsvariablen
Z	Menge aller Zeitsysteme
z	Index der Zeitsysteme
$\psi = (\psi_\delta)$	Anpassungsvariable
ψ_δ^u, ψ_δ^o	untere und obere Grenze des Definitionsbereichs der Anpassungsvariablen

ZOF	Menge aller Zuordnungsfunktionen
ZOF	Zuordnungsfunktion, d.h. Abbildung der Variablen des Zuordnungsmodells in die Reellen Zahlen
ZOF'	Menge aller Zielfunktionen des Zuordnungsmodells
Z_z	Zeitsystem
$|$	Mathematisches Symbol für „für die gilt"
$|N_0$	Natürliche Zahlen einschließlich Null
$\Re_0^+$	Menge der positiven Reellen Zahlen einschließlich Null

Mengen werden durch fettgedruckte Großbuchstaben gekennzeichnet. Elemente einer Menge werden durch denselben Großbuchstaben mit demselben Kleinbuchstaben als Index bezeichnet. Der nicht fettgedruckte Großbuchstabe gibt den letzten Laufindex an.

Bildverzeichnis

1   Einleitung und Zielsetzung

Auch unter der erschwerenden Randbedingung eines stark schwankenden Auftragseingangs erreichen wettbewerbsfähige produzierende Unternehmen[1] Kosten- und Zeitziele[2]
gleichermaßen, d.h. sie liefern kurzfristig und termintreu zu marktfähigen Preisen[3]. Eine
Bevorratung von verkaufsfähigen Erzeugnissen ist aber i.d.R. aufgrund der Variantenvielfalt[4] und den damit verbundenen hohen Kosten der Lagerhaltung nicht wirtschaftlich[5]. Daher ist auftragsorientiert zu produzieren. Aufgrund der kurzen Lieferzeit muß es
Ziel sein, mit den Kapazitäten der Produktion[6] den Schwankungen des Auftragseingangs[7] bedarfsorientiert zu folgen[8] und gleichzeitig den Betriebspunkt[9] auszuweiten,
d.h. auch bei quantitativ und/oder qualitativ[10] schwankendem Auftragseingang wirtschaftlich zu produzieren. Dazu müssen die Aktionsparameter[11] der Produktionsressourcen zur Kapazitätsabstimmung[12], insbesondere zur Kapazitätsanpassung, genutzt wer-

---

[1] Die Betrachtung wird auf produzierende Industrieunternehmen (siehe Zahn (1996) S. 10 und Dichtl (1987) S. 843) beschränkt. Diese zeichnen sich gegenüber Dienstleistungsunternehmen wie Handel, Banken usw. durch Sachleistungen und gegenüber Handwerksunternehmen (siehe Dichtl (1987) S. 789) durch die Betriebsgröße und einen verminderten Personenbezug usw. aus.

[2] Qualität wird als Nebenbedingung vorausgesetzt. Siehe Kapitel 2.3.3 und Fu (1995) S. 2.

[3] Siehe Westkämper (1996b) S. 5: „Eine Produktionsweise, die derart flexibel auf spezifische Kundennachfragen bezüglich Leistung, Qualität, Menge, Kosten und Termin reagiert, kann als Manufacturing on Demand bezeichnet werden.“

[4] Der Variantenreichtum stieg in den 80er Jahren stark an, siehe Schönsleben (1992) S. 81.

[5] Ausnahmen gelten in der variantenarmen Massenfertigung, siehe Schönsleben (1998) S. 270.

[6] Unter Produktion soll hier die (Teile-) Fertigung und die Montage verstanden werden, siehe Warnecke (1995b) S. 1.

[7] „Ein Auftrag ist eine (...) Aufforderung einer dazu befugten Stelle an eine andere Stelle desselben Unternehmens, eine bestimmte Aufgabe durchzuführen“ (siehe REFA (1991) S. 8). Dies umfaßt auch eine Bestellung Außenstehender, die im Unternehmen zum „Kundenauftrag“ umgewandelt wird (siehe REFA (1991) S. 8).

[8] „Wir brauchen eine Anpassungsfähigkeit an unsere Auftragszyklen“ (siehe Leibinger (1997) S. 4). Siehe auch Schneeweiß (1992b) S. 20. In beschränktem Umfang kann eine Bevorratung auf unterer Stufe sinnvoll sein (siehe Wiendahl (1997) S. 282ff).

[9] Der Betriebspunkt beschreibt die Leistung einer Produktion als Output pro Periode, bei der wirtschaftlich produziert werden kann. König (siehe König (1997b) S. 17) spricht hier von Elastizität und verweist auf Gutenberg (1979) S. 83 und Westkämper (1989) S. CA 57.

[10] Quantitativ schwankender Auftragseingang bedeutet, daß sich die Anzahl der beauftragten Produkte ändert, qualitativ schwankender Auftragseingang bedeutet eine Varietät in der Zusammensetzung des Auftragsmixes. Quantitative Schwankungen um +/- 50% bezogen auf die Plankapazität des Unternehmens sind durchaus nicht selten (siehe Westkämper (1996b) S. 5).

[11] Unter Aktionsparametern werden in dieser Arbeit Maßnahmen und Verfahren zur Manipulation von Ressourcen verstanden, insbesondere deren Belegung, Verfügbarkeit und Einsatz, vgl. Fuchs (1990) S. 36.

den, wobei weder Kapazitätsüberhänge (aus Kostengründen) noch Kapazitätsengpässe (aufgrund der Bedarfsorientierung) akzeptiert[13] werden dürfen (Bild 1-1).

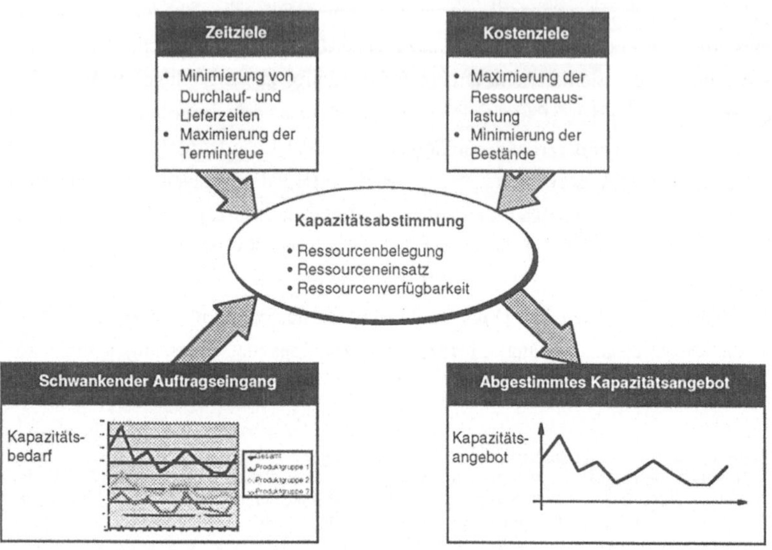

Bild 1-1:   Zielstellungen und Aktionsparameter für die Kapazitätsabstimmung

Die Güte der Lösung dieser Aufgabe hängt zum einen davon ab, wie gut der Auftragsein- gang und die aufgrund der Markterfordernisse tatsächlich benötigte Anpassungsfähigkeit der Kapazitäten vorausschauend als Planungsgrundlage erkannt werden[14], zum anderen, wie zielgerichtet die Kapazität durch die Belegung der Betriebsmittel sowie durch die An-

---

[12] Sind das periodenbezogene Kapazitätsangebot und der Kapazitätsbedarf unterschiedlich groß, so spricht man von einer Unter- oder Überdeckung und es herrscht Abstimmungsbedarf, der durch die betriebliche Aufgabe der Kapazitätsabstimmung erfüllt werden soll; siehe Kapitel 2. Kapazitätsabstimmung umfaßt Kapazitätsanpassung (Anpassung des Kapazitätsangebots an den -bedarf) und Kapazitätsabgleich (siehe REFA (1991) S. 192).

[13] Siehe Vollmann (1991) S. 121.

[14] Siehe König (1997b) S. 17.

passung der Verfügbarkeit und den Einsatz der Betriebsmittel[15], des Personals[16] und externer Leistungseinheiten abgestimmt werden kann.

In der vorliegenden Arbeit soll zu letzterem ein Beitrag geleistet werden, indem Modelle[17] zur optimalen Lösung der Klasse der Zuordnungs- und Anpassungsaufgaben entwickelt werden, die im Rahmen der betrieblichen Aufgabe der Kapazitätsabstimmung vielgestaltig[18] auftreten. Mittels der objektorientierten Modellierung werden generische[19] Bausteine zur Verfügung gestellt, mit denen ein breites Spektrum der genannten Optimierungsaufgaben fallspezifisch abgebildet und die Anbindung von Optimierungswerkzeugen an vorhandene betriebliche Informationssysteme[20] durchgeführt werden können. Im Unterschied zu vorhandenen fallspezifischen Individuallösungen werden hier breit anwendbare und gleichzeitig individuell spezialisierbare Bausteine zur Verfügung gestellt sowie das Optimierungsmodell vom betrieblichen Informationsmodell explizit getrennt[21]. Am Markt preiswert vorhandene Optimierungswerkzeuge können so im Unternehmen schnell, effizient und zielvariabel[22] eingesetzt, dadurch Kapazitäten zieloptimiert abgestimmt und somit Zeit- und Kostenziele besser erreicht werden.

---

[15] Unter Betriebsmittel werden in dieser Arbeit technische Produktionsmittel wie Maschinen, Werkzeuge oder Vorrichtungen verstanden, vgl. Kapitel 2 und Gutenberg (1979) S. 70. Zur Definition von Werkzeugen siehe Fu (1995) S. 10 und Leinhäuser (1996) S. 3.

[16] Als Personal werden in dieser Arbeit alle Menschen bezeichnet, die im Unternehmen objektbezogene und/oder dispositive Arbeitsleistungen verrichten, vgl. Kapitel 2 und Gutenberg (1979) S. 3. Zur Bedeutung des flexiblen Personaleinsatzes siehe Mertens (1992) S. 35 und Gaugler (1992) S. 12.

[17] Ein Modell ist eine vereinfachte Nachbildung eines geplanten oder real existierenden Originalsystems und -prozesses in einem anderen begrifflichen oder gegenständlichen System. Es unterscheidet sich hinsichtlich der untersuchungsrelevanten Eigenschaften nur innerhalb eines vom Untersuchungsziel abhängigen Toleranzrahmens vom Vorbild (siehe DIN 19226 S. 3 und VDI (1993) S. 3). Siehe dort auch zur Differenzierung von Modellen.

[18] Beispielsweise bei der Zuordnung von Aufträgen zu Betriebsmitteln oder der Personaleinsatzplanung. Eine Klassifikation der Aufgaben wird in Kapitel 2.2 hergeleitet.

[19] Generisch bedeutet „das Geschlecht oder die Gattung betreffend", also nicht einzelne Individuen (siehe Duden (1967) S. 292). Hier ist die Gattung der Zuordnungs- und Anpassungsaufgaben gemeint.

[20] Typischerweise Produktionsplanungs- und -steuerungssysteme (PPS-Systeme), siehe Schönsleben (1985) S. 17ff. Unter Produktionsplanung und -steuerung wird die organisatorische Planung, Steuerung und Überwachung der Produktionsabläufe (...) unter Mengen-, Termin- und Kapazitätsaspekten verstanden; vgl. Kurz (1994) S. 20, AWF (1986) S. 8, Hackstein (1989) S. 1-9. Ein PPS-System ist ein DV-gestütztes System zur Unterstützung der Aufgaben der Produktionsplanung und -steuerung. Zur Definition eines betrieblichen Informationssystems siehe Schönsleben (1994) S. 2.

[21] Diese Trennung ist vergleichbar mit der Aufgliederung von Software in verschiedene Schichten, beispielsweise Oberfläche, Informationsverarbeitung und Datenbank (vgl. Quack (1997) S. 47).

[22] Unter „Zielvariabilität" soll hier die Möglichkeit der Anpassung an veränderte Zielsetzungen verstanden werden.

2 Festlegung des Untersuchungsbereichs

Der Untersuchungsbereich wird in einem Top-Down-Ansatz auf generische Optimierungsmodelle für Zuordnungs- und Anpassungsaufgaben im Rahmen der Kapazitätsabstimmung für Unternehmen mit bedarfsorientierter Serienproduktion eingeschränkt. Dazu werden in Kapitel 2.1 die Randbedingungen der bedarfsorientierten Serienproduktion und die Marktanforderungen hinsichtlich Kosten und Zeit aufgeführt. In Kapitel 2.2 wird deren Bedeutung für die Kapazitätsabstimmung als betriebliche Planungsaufgabe abgeleitet, insbesondere für resultierende Zuordnungs- und Anpassungsaufgaben. Kapitel 2.3 stellt den Einsatz von Modellierungs- und Optimierungsmethoden zur Lösung dieser Aufgaben dar.

2.1 Bedarfsorientierte Serienproduktion

Die Produktion ist ein komplexes[23] Subsystem[24] des Unternehmens. Es besteht aus Betriebsmitteln, Personal und Material als Ressourcen. Ein komplexes Produktionssystem[25] wird definiert durch seine Komponenten mit ihren Eigenschaften und ihren Beziehungen zueinander. Diese bestimmen das Systemverhalten. Der Untersuchungsbereich der vorgelegten Arbeit wird auf die verbreitete bedarfsorientierte Serienproduktion[26] von Stück-

---

[23] REFA bezeichnet Systeme in Abgrenzung zu einfachen Systemen dann als komplex, wenn „die Zahl der Beziehungen groß ist", was bei einem Produktionssystem i.d.R. aufgrund der Vielzahl der eingesetzten Ressourcen der Fall ist (siehe REFA (1978) S. 51). Zur Definition eines Systems siehe VDI (1993) S. 3 und DIN 19226 S. 3.

[24] Nur die systemische Betrachtung der Produktion ermöglicht das vollständige Ausschöpfen der Potentiale zur Erfüllung der Marktanforderungen, vgl. Marks (1991), S. 3-44.

[25] Siehe Braun (1994) S. 24. Als Produktionssystem wird im folgenden ein Arbeitssystem bezeichnet, dessen Arbeitsaufgabe darin besteht, Einzelteile zu fertigen, Einzelteile zu Baugruppen oder Baugruppen zu Produkten zusammenzubauen. Zur Ausführung der Arbeitsaufgabe wirken Mensch und Produktionsmittel als Elemente des Arbeitssystems (siehe ENV 6385 (1990) S. 2) in einer gemeinsamen Arbeitsumgebung zusammen.

[26] Luczak (1996) S. 13 (vgl. Hitomi (1994) S. 6) charakterisiert die Serienproduktion durch eine durchschnittliche Auflagenhöhe pro Erzeugnis größer als 50 Stück und eine durchschnittliche Wiederholhäufigkeit zwischen 12 und 24 Mal pro Jahr. Schönsleben (siehe Schönsleben (1998) S. 120ff) zeigt aber, daß Auflagenhöhe und Wiederholhäufigkeit unabhängig voneinander sind. In dieser Arbeit soll als Serienproduktion verstanden werden, wenn pro Jahr mittlere Stückzahlen gefertigt oder montiert werden, d.h. eine gegenläufige Abweichung der obigen Parameter soll erlaubt sein, da auch dann die Prozeßfähigkeit und damit eine Verfügbarkeit von Daten zur Optimierung gegeben ist. Als Erzeugnis soll hier die Zusammenfassung von Artikeln verstanden werden, die hinsichtlich der Kapazitätsabstimmung gleich behandelt werden können, weil ihre Ressourcenbedarfe ähnlich oder gleich sind.

gütern[27] beschränkt[28]. Dieser Fertigungstyp zeichnet sich durch begrenzte Stückzahlen, die Bildung von Fertigungs- und Montagelosen[29] und Auftragsproduktion standardisierter Erzeugnisse aus[30]. Dies bedeutet, daß Produkte und der Produktionsprozeß zwar variantenreich, aber im Prinzip bereits vor Produktionsbeginn bekannt sind, beherrscht[31] werden und eine Prozeßfähigkeit gegeben ist. Typische Beispiele finden sich im Maschinenbau, wo Geräte kundenindividuell aus Standardkomponenten und -teilen konfiguriert[32] werden, wobei Teile oft eine große Anzahl von Maßvarianten aufweisen.

Ein modernes Produktionssystem für die Serienproduktion kann als modulares und offenes Netzwerk aus hochintegrierten Leistungseinheiten[33] angesehen werden, die auf verschiedenen Abstraktionsebenen[34] identifiziert werden können. Jede Leistungseinheit erstellt einen eigenständigen Beitrag zur Wertschöpfung im Unternehmen, der als Produkt im weitesten Sinne unternehmensinternen und -externen Kunden angeboten wird. Leistungsnachfrage, Leistungsangebot[35] und Verantwortung können in Form einer Produktionsaufgabe[36] und in Dimensionen wie Kosten, Zeit und Qualität beschrieben werden[37]. Die Leistung wird erbracht durch Nutzung der Ressourcen. Die Leistungseinheiten kön-

---

[27] Als Stückgut gelten Güter mit fester Hülle, die während des Ablaufes von Lager- und Transportvorgängen eine unveränderliche Gestalt besitzen (siehe Warnecke (1995a) S. 103).

[28] Die Notwendigkeit und Sinnhaftigkeit der Einschränkung ergibt sich aus Bild 2.2-5.

[29] Als Los wird die Menge eines Erzeugnisses bezeichnet, die ohne Unterbrechung durch ein anderes Erzeugnis auf einer Produktionseinheit gefertigt wird (siehe REFA (1991) S. 42).

[30] Siehe Warnecke (1995b) S. 4.

[31] Damit sind die zur Kapazitätsbedarfsrechnung notwendigen Daten und Erfahrungswerte, wie beispielsweise Bearbeitungszeiten, bekannt (was die Anwendung der benutzten Methodik der Optimalplanung ermöglicht) und es treten Lerneffekte durch wiederholte Produktion auf (siehe Sonderforschungsbereich (1996) S. 26ff).

[32] Siehe Sonderforschungsbereich (1996) S. 26.

[33] Siehe Westkämper (1997b) S. 15, Sonderforschungsbereich (1996) S. 28f, Westkämper (1992) S. 21 und Westkämper (1996b) S. 5. Zur Definition von Profit Centern, Cost Centern und teilautonomen Organisationseinheiten und ihrem Zusammenwirken im Netzwerk siehe Schönsleben (1998) S. 44ff. Zur Definition von Segmenten als „sich selbst regelnde organisatorische Einheiten" siehe Westkämper (1991b) S. 3.

[34] Siehe Braun (1994) S. 25f, Eversheim (1989) S. 30, und Warnecke (1993) S. 134ff. Die Struktur des Produktionssystems kann mittels Ordnungskriterien dargestellt werden. Eine Zusammenfassung gemäß Produkt, Verrichtungsart oder Verantwortung ist üblich (vgl. König (1997b) S. 70).

[35] Siehe Sonderforschungsbereich (1996) S. 28f.

[36] Siehe Braun (1994) S. 26. Die Produktionsaufgabe einer Leistungseinheit wird durch die (mögliche) Zuordnung eines (oder mehrerer) wertsteigernden Arbeitsvorgangs an einem Einzelteil, einer Baugruppe oder einem Produkt beschrieben (siehe Dittmayer (1981) S. 16 und S. 37, Metzger (1977) S. 24).

[37] Siehe Westkämper (1994a) S. 88.

nen je nach Kompetenz in Logistik, Technologie und Systemtechnik in Systemintegratoren, Komponentenmontagen und Teilefertigungen[38] klassifiziert werden. Damit ergibt sich die in Bild 2.1-1 beispielhaft dargestellte Gesamtstruktur des Produktionssystems, das auch in Form eines virtuellen[39] Unternehmens am Markt agieren kann.

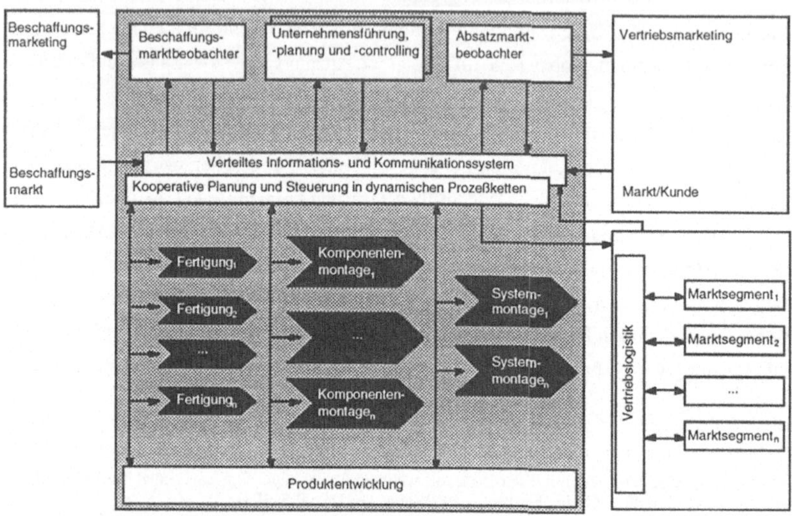

Bild 2.1-1:   Beispiel für ein modernes Produktionssystem[40]

Unternehmen mit Serienproduktion sind gezwungen, dem zunehmend turbulenter werdenden Markt zu folgen. Dieser manifestiert sich durch einen ständigen Wandel des Auftragseingangs nach Art und Anzahl der bestellten Produkte mit steigender Typen- und Variantenvielfalt, welche eine Bevorratung und damit Bestandsproblematik[41] weitgehend ausschließt. „Eine extreme Bedarfs- und Marktorientierung findet dann statt, wenn nur im Kundenauftrag mit kurzen, noch vom Kunden akzeptierten Lieferfristen aber garantierten

---

[38] Siehe Sonderforschungsbereich (1996) S. 26f.

[39] Siehe Schönsleben (1998) S. 54.

[40] Siehe Sonderforschungsbereich (1996) S. 31. Beispiele für solche Produktionssysteme findet man bei der MCC AG (Micro Compact Car AG, siehe Block (1997) S. 45), bei der Euregio Bodensee (siehe König (1997a) S. 76ff) und bei der DASA (siehe Köhler (1997) S. 288).

[41] Endprodukte können i.d.R. nicht, Halbfabrikate nur in bestimmten Fällen bevorratet werden, siehe Braun (1994) S. 27. Auch eine Nivellierung des Auftragseingangs durch zeitlichen Kapazitätsabgleich hätte Bestände zur Folge (siehe Westkämper (1996a, S. 11). Siehe auch Kapitel 1.

25

Lieferterminen produziert wird (Manufacturing on Demand)."[42] Produkte sind rein bedarfsorientiert und gleichzeitig wirtschaftlich zu fertigen und zu montieren. Die Problematik besteht darin, bei definierter und vorausgesetzter Qualität Zeitziele, d.h. Lieferzeit bzw. Durchlaufzeit, und Kostenziele, d.h. Auslastung der Ressourcen, gleichzeitig[43] zu erreichen. Wenn eine kurzfristige, dem Auftragseingang folgende Veränderung des Kapazitätsangebots[44] nach Art und Menge durchführbar ist, ermöglicht dies eine gleichbleibend hohe Auslastung der Kapazitäten und gleichzeitig eine konstant[45] kurze Durchlaufzeit durch die Produktion, vor allem, wenn zusätzlich unternehmensfremde[46] Leistungseinheiten einbezogen werden, die die Kapazitätsflexibilität des Unternehmens erhöhen (Bild 2.1-2).

Damit bewirkt die Kapazitätsanpassung letztlich, daß sich das Produktionssystem über längere[47] Zeit im angestrebten Betriebspunkt befindet und somit Kosten- und Zeitziele gleichermaßen erreicht[48] werden. Daher gilt es bei der bedarfsorientierten Serienproduktion, und noch extremer beim Manufacturing on Demand, im Rahmen der Unternehmensplanung, Kapazitäten kurzzyklisch[49] mit dem Auftragseingang abzustimmen. Dazu sind

---

[42] Siehe Westkämper (1997b) S. 11. Dies schließt eine Losbildung, vor allem in der Teilefertigung, nicht aus. Es kann aus Gründen des Rüstaufwands durchaus sinnvoll sein, Sekundärbedarfe an Teilen für bestimmte Kundenaufträge über einen (kurzen) Zeitraum zu Fertigungslosen zusammenzufassen.

[43] Schönsleben zeigt, daß eine hohe Kapazitätsauslastung das Erreichen von Kostenzielen fördert. Er weist aber ausdrücklich auf Zielkonflikte hin (siehe Schönsleben (1998) S. 19). Wiendahl spricht von einem „Dilemma der Fertigungssteuerung" und führt aus, daß es sich um ein Optimierungsproblem mit den Zielfunktionen Auslastung und Zeit handelt, siehe Wiendahl (1993) S. 12. Siehe auch Dangelmaier (1992) S. 84. Zu den Gründen der Zielkonkurrenz siehe auch Zimmermann (1991) S. V.

[44] Dies ist eher beim Personal, weniger bei Maschinen möglich. Siehe Westkämper (1996a) S. 14. Westkämper fordert gleichzeitig einen Auftragswechsel ohne Leistungsverluste durch „Rüsten". Letzteres soll in dieser Arbeit nicht betrachtet werden, da hier vor allem technische Lösungen gefragt sind. Ein konstantes Kapazitätsangebot bewirkt bei Spitzen im Auftragseingang eine Verlängerung der Durchlaufzeit und bei punktuell niedrigem Auftragseingang eine Verringerung der Kapazitätsauslastung (siehe Wiendahl (1995) S. 28 und Möller (1996) S. 70ff).

[45] Siehe Westkämper (1997a), S. 20: „Auch die Ecktermine des Auftragsdurchlaufes gehören immer weniger zu den disponierbaren Variablen, sondern sie sind vom Kunden gesetzte Invarianten." Siehe auch Westkämper (1996b) S. 5.

[46] Westkämper spricht von „virtuellen Unternehmensstrukturen" (siehe Westkämper (1996 a) S. 20).

[47] Siehe Westkämper (1996b) S. 5.

[48] Westkämper (1996b) S. 6 schätzt, daß durch diese und andere Maßnahmen sich „bis 30% der Kosten einsparen und Kunden durch hohe Lieferfähigkeit zufriedenstellen" ließen.

[49] Falls dieses nicht oder nur jährlich erfolgt, treten die Folgen derartiger Schwankungen gravierend zu Tage. Genannt werden Kosten, Hektik im Auftragsmanagement und Ineffizienz (siehe Sonderforschungsbereich (1996) S. 9).

Methoden[50] bereitzustellen, die das Potential des Produktionssystems, speziell flexibel einsetzbare Ressourcen wie das Personal und externe Leistungseinheiten nutzen und gleichzeitig die Verfügbarkeit der Ressourcen belastungsorientiert variieren.

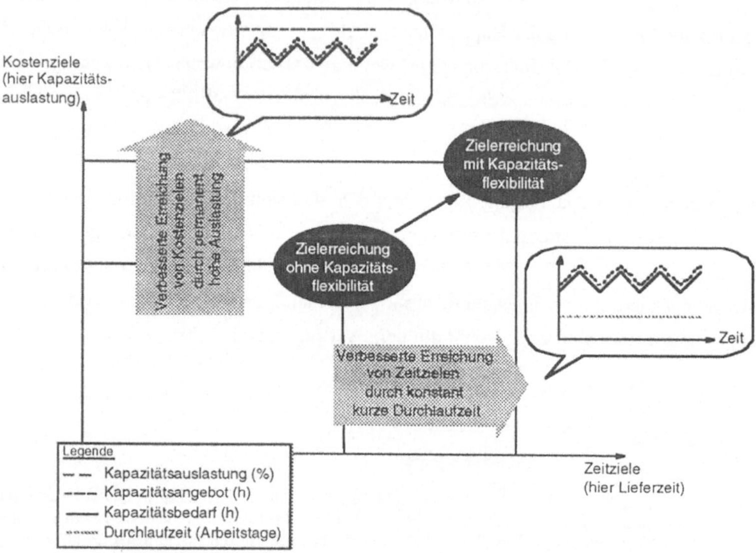

Bild 2.1-2:   Wirkung der Kapazitätsflexibilität auf die Erreichung von Kosten- und Zeitzielen

---

[50] Die Methoden der Kapazitätsabstimmung sind an die sich laufend verändernden Anforderungen der Praxis anzupassen, siehe Schönsleben (1998) Vorwort.

2.2   Kapazitätsabstimmung

Kaptitel 2.2.1 ordnet die Kapazitätsabstimmung in die Unternehmensplanung ein und zeigt deren prinzipiellen Freiheitsgrade auf. Kapitel 2.2.2 differenziert auf dieser Basis bevorzugte Einsatzgebiete des Optimierungsmodells zur Kapazitätsabstimmung nach dem Typ des Produktionssystems und der Fertigungsart.

2.2.1   Kapazitätsabstimmung als Planungsaufgabe

Die Unternehmensplanung gliedert sich in die Teilplanungen Absatz-, Produktions- und Finanzplanung[51] (Bild 2.2-1). Die Produktionsplanung als Untersuchungsbereich dieser Arbeit kann in die Produktionsprogramm-, Ressourcenbereitstellungs- und Produktionsprozeßplanung weiter aufgegliedert werden[52]. Bei der Produktionsprogrammplanung wird auf Basis des Absatzprogramms und mit dem Ziel der Gewinnmaximierung festgelegt, welche Erzeugnisarten und -mengen in welchen Zeitperioden hergestellt werden sollen[53]. Die Produktionsprozeßplanung hat die Aufgabe, Auftragsmengen, -termine und -reihenfolgen entsprechend der Erzeugnisbedarfsmengen und -termine sowie der Ressourcenverfügbarkeit zu planen.

In der Vergangenheit sind der Produktionsprogramm- und der Produktionsprozeßplanung große Aufmerksamkeit geschenkt worden[54]. Als wichtigste Zielstellung wurde dabei ein deckungsbeitragsoptimiertes Produktionsprogramm[55] und ein kostenoptimierter Produktionsprozeß durch Auslastung der vorhandenen Ressourcen angesehen[56]. Aufgrund der gewandelten Anforderungen des Marktes gilt es dagegen heute, einerseits den vom Markt vorgegebenen Ressourcenbedarf beispielsweise mittels eines rollierenden

---

[51] Vgl. Gutenberg (1979) S. 7ff, S.147-234. Bei dieser Gliederung wird Produktionsplanung als Überbegriff für die von anderen Autoren unterschiedene Produktionsplanung und -steuerung (PPS) und die Beschaffungsplanung verwendet.

[52] Vgl. Gutenberg (1979) S. 147.

[53] Siehe REFA (1985) S. 12ff.

[54] Siehe König (1997b) S. 17 und Hitomi (1994) S. 6f.

[55] Siehe Zahn (1984) S. 92.

[56] So beschäftigen sich viele Arbeiten mit der Minimierung von Rüstzeiten und der Planung optimaler Reihenfolgen (siehe Hitomi (1994) S. 8).

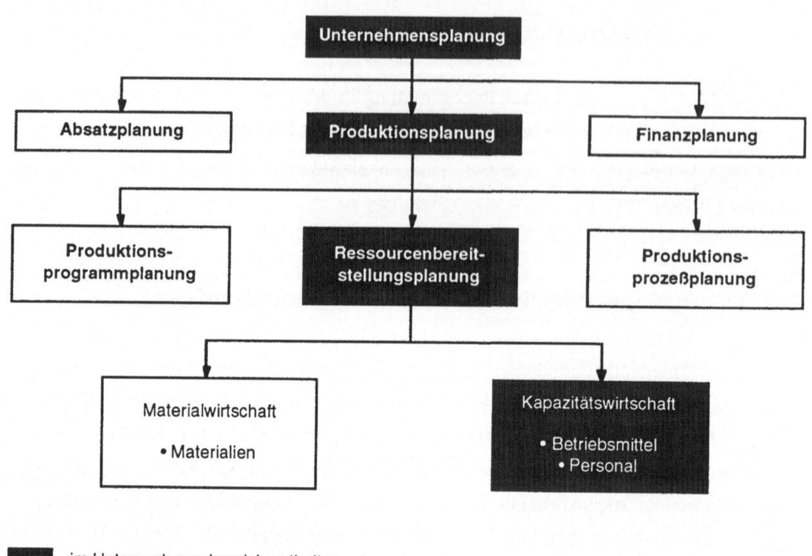

Bild 2.2-1:   Gliederung der Unternehmensplanung (in Anlehnung an König (1997b) S. 23)

Forecasts zu erkennen[57] - soweit dies bei turbulenten Märkten möglich ist - und andererseits die Ressourcen gemäß dem prognostizierten bzw. tatsächlichen Bedarf bereitzustellen[58]. Der Untersuchungsbereich dieser Arbeit wird daher auf die Ressourcenbereitstellungsplanung eingeschränkt. Diese hat die Aufgabe, die zur Produktion benötigten Materialien, die Betriebsmittel und das Personal[59] nach Art, Menge und Zeit so verfügbar zu machen, daß das Produktionsprogramm erfüllt und gleichzeitig der Produktionsprozeß rationell gestaltet werden kann. Dabei handelt es sich um eine Optimierungsaufgabe hinsichtlich des Beitrags zu Zeit- und Kostenzielen: Überdimensionierte Verfügbarkeit sichert zwar die Einhaltung der Zeitziele, wirkt sich aber negativ auf die

---

[57] Siehe Günther (1989) S. 310.

[58] Siehe Braun (1995) S. 54 und Kaluza (1994) S. 54.

[59] Zur Definition der Personalbereitstellung siehe Kossbiel (1988) S. 1011, zu deren Notwendigkeit siehe a.a.O. S. 1038.

Kostenziele aus, während zu knappe Verfügbarkeit zwar positiv auf Kostenziele[60] wirkt, aber Zeitziele gefährden kann (vgl. Bild 2.1-1). Da sich Teilaufgaben und Methoden der Materialwirtschaft und der Kapazitätswirtschaft[61] grundsätzlich unterscheiden, soll der Untersuchungsbereich dieser Arbeit auf die Kapazitätswirtschaft beschränkt werden.

Folglich wird der Untersuchungsbereich dieser Arbeit auf die Ressourcen Personal[62] und Fertigungsmittel[63], speziell Anlagen, Maschinen und Werkzeuge, und ihre organisatorische und dispositive Zusammenfassung in Leistungseinheiten[64] eingeschränkt[65], da in der Regel für diese Planungsnotwendigkeit besteht. Als Kapazität[66] wird das mengenmäßige Leistungsvermögen oder -angebot einer Ressource in einem Zeitabschnitt definiert, das durch qualitative und quantitative Merkmale beschrieben wird. Gegenstand der folgenden Betrachtungen werden die quantitativen Kapazitätsmerkmale Anzahl, Ort, Zeitpunkt und Dauer des Einsatzes der Ressourcen sein. Qualitative Kapazitätsmerkmale[67], d.h. Leistungsangebot des Personals und Leistungsvermögen der Betriebsmittel, werden nur soweit betrachtet, wie sie zur Beschreibung des mengenmäßigen Leistungsvermögens notwendig sind.

---

[60] „Die Flexibilisierung bringt uns eine Kostensenkung von gut zwei Prozent, da wir Abschwungphasen ohne Kurzarbeit durchstehen können und Überstundenzuschläge sparen" (siehe Leibinger (1997) S. 4).

[61] Siehe REFA (1991) S. 186. Der Begriff Kapazitätswirtschaft soll in dieser Arbeit synonym mit dem Begriff Kapazitätsplanung und -steuerung verwendet werden.

[62] Der Begriff „Personal" soll synonym mit „Menschen" oder „Arbeitskräfte" verwendet werden.

[63] Fertigungsmittel sind eine Teilmenge der Betriebsmittel einschließlich der Arbeitsplätze. Fertigungsmittel sind „Mittel zur direkten oder indirekten Form-, Substanz- oder Fertigungszustandsänderung mechanischer bzw. chemisch-physikalischer Art" (Warnecke (1995a) S. 255 und REFA (1985) S. 340). Beispiele für Fertigungsmittel sind maschinelle Anlagen, Werkzeugmaschinen, Werkzeuge, Vorrichtungen, Modelle und Formen (Warnecke (1995a) S. 255 und REFA (1985) S. 340). Ein Arbeitsplatz (siehe Braun (1994) S. 73) als technische Ausrüstung mit dem zugehörigen Arbeitsinhalt, der von einem Mitarbeiter betreut werden kann, wird in dieser Arbeit ebenfalls als kleinste zusammengefaßte Ressource betrachtet („Mikro-Arbeitssystem", siehe REFA (1991) S. 180).

[64] Braun (1994) S. 22 spricht analog von Kapazitätseinheiten und bezeichnet damit ein einzelnes Betriebsmittel oder organisatorisch und dispositiv zusammengefaßte Betriebsmittelgruppen, einen manuellen Arbeitsplatz oder mehrere manuelle Arbeitsplätze, die organisatorisch oder dispositiv zu einer Arbeitsplatzgruppe zusammengefaßt sind. Siehe auch Schönsleben (1998) S. 85.

[65] Diese Einschränkung sieht auch Schönsleben (1998) S. 85 vor.

[66] Siehe Braun (1994) S. 22, siehe Zäpfel (1989b) S. 129.

[67] Siehe REFA (1991) S. 181, siehe Pieske (1990) S. 1050. Mit der qualitativen Kapazität werden Art und Güte des Leistungsvermögens erfaßt, beispielsweise die Dimension der Erzeugnisse, Genauigkeitstoleranzen, Tragfähigkeit (siehe Corsten (1994) S. 14).

Die Kapazitätswirtschaft[68] kann aufgabenbezogen sowie inhaltlich bezüglich der Planungsstufung[69], der -fristigkeit[70] und der -detaillierung[71] untergliedert werden (Bild 2.2-2). Der Schwerpunkt dieser Arbeit liegt auf dem kurz- bis mittelfristigen Bereich, da der turbulente Markt eine kurzfristige Kapazitätsabstimmung fordert und im strategischen, langfristigen Bereich prinzipiell andere Methoden[72] notwendig sind. REFA differenziert die Aufgaben der Kapazitätswirtschaft in planende, primär zukunftsorientierte und in steuernde, primär gegenwartsorientierte Aufgaben, betont aber gleichzeitig, daß es keine scharfe Grenze zwischen Planen und Steuern gibt: Auch bei der Steuerung werden Aufgaben mit planendem, zukunftsorientiertem Charakter durchgeführt[73].

In der vorliegenden Arbeit soll von einer durchgeführten auftragsbezogenen Kapazitätsbedarfsplanung bzw. -ermittlung[74] ausgegangen werden, jedoch mit der Erweiterung, daß der Bedarf für einen bestimmten Artikel[75] und eine Periode aus dem Produktionsprogramm als ein oder mehrere Aufträge[76] aufgefaßt werden soll. Der qualitative und quantitative Kapazitätsbedarf an Ressourcen wird damit als bekannt vorausgesetzt. Ebenfalls soll von einer durchgeführten Kapazitätsangebotsplanung und -steuerung ausgegangen

---

[68] Zur Untergliederung und genauen Definition der Begriffe siehe REFA (1985) S. 20-31 und Schönsleben (1998) S. 84-88.

[69] Zur strategischen Kapazitätswirtschaft siehe Zäpfel (1989a) S. 139-146, zur taktischen Kapazitätswirtschaft siehe Zäpfel (1989b) S. 129-141.

[70] Am Beispiel des Maschinenbaus wird ein Planungshorizont von bis zu zwei Wochen als kurzfristig, ein bis drei Monate als mittelfristig und sechs Monate bis zwei Jahre als langfristig bezeichnet (vgl. Wiendahl (1988) S. 217ff). REFA (1985) S. 20f betont, daß die Definition der Fristigkeiten unternehmensspezifisch vorgenommen werden muß und nennt abweichende längere Werte.

[71] Die Planungsdetaillierung geht in der Regel mit der -stufung und -fristigkeit konform, d.h. die operative Planung ist im allgemeinen kurzfristig und fein (vgl. Kühnle (1987) S. 24f).

[72] Siehe Schönsleben (1998) S. 160. Erforderlich, aber nicht ausreichend sind Methoden der Investitionsrechnung (siehe Pieske (1990) S. 1045ff). Weiterhin unterscheiden sich die Aufgabenstellungen, speziell beim Personal (siehe Kossbiel (1992) S. 1655).

[73] Siehe REFA (1978) S. 10ff. Diese Aussage wird noch verstärkt, wenn man einzelne Aufgaben betrachtet und vergleicht (siehe auch REFA (1991) S. 312).

[74] Zur Methodik siehe Schönsleben (1998) S. 524ff und Mertens (1992) S. 32 ff.

[75] Ein Artikel ist ein Materialflußobjekt, das im Rahmen der betrieblichen Leistungserstellung verarbeitet oder als Ergebnis eines Arbeitsvorgangs hergestellt wird (z.B. Rohmaterial, Baugruppe, Enderzeugnis) und für das Planungsnotwendigkeit besteht (siehe Dangelmaier (1984) S. 341ff, CIM-AG 1992 S. 11). Siehe auch Kap. 6.1.1.1.

[76] D.h. es wird von einer durchgeführten Auftragsbildung ausgegangen.

werden, d.h. die prinzipielle Verfügbarkeit[77] von Leistungseinheiten, Personal und Betriebsmitteln nach Art und Anzahl - nicht jedoch Einsatzzeit - je Periode ist bekannt.

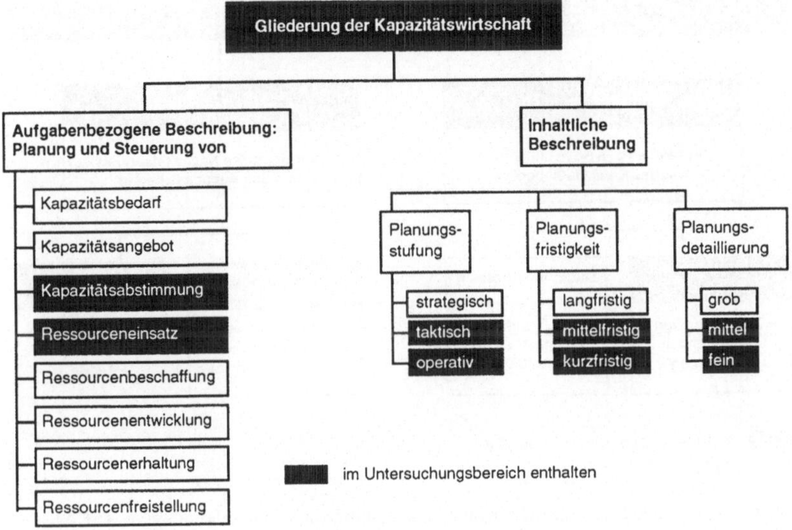

Bild 2.2-2:   Gliederung der Kapazitätswirtschaft[78]

Sind der periodenbezogene Kapazitätsbedarf und das -angebot unterschiedlich[79] groß, was in der Regel[80] der Fall ist, so spricht man von einer Unter- oder Überdeckung. Es herrscht Abstimmungsbedarf. Der Untersuchungsbereich der vorliegenden Arbeit soll die

---

[77] Gemäß Kossbiel (1988) S. 1053f können Modelle zur Personalbereitstellung in vier Typen klassifiziert werden. In der vorgelegten Arbeit wird das auch auf Betriebsmittel erweiterte Problem der Ressourcenbereitstellung mit im Prinzip bekanntem Ressourcenbedarf, bekannter Personalausstattung und variablem Ressourceneinsatz behandelt. Dies umfaßt auch die Kenntnis der prinzipiell einsetzbaren verlängerten Werkbänke oder Leistungseinheiten im Rahmen eines virtuellen Unternehmens (siehe Westkämper (1996b) S. 6).

[78] Vgl. REFA (1985) S. 185ff und REFA (1991) S. 186-205. REFA bezeichnet Ressourcen im obigen Sinne als Kapazitäten. Siehe dort auch zur Definition der Aufgaben. Speziell für Personal siehe REFA (1991) S. 237-325, für Betriebsmittel siehe REFA (1991) S. 339-467.

[79] Hierbei sind Angebot und Bedarf gleicher Qualität zu vergleichen. Ferner ist der Vergleich je nach Aufgabenstellung in bestimmter zeitlicher Detaillierung (Periode) oder organisatorischer Detaillierung vorzunehmen. „Eine optimale Struktur (der Kapazität, A.d.V.) besteht (...) wenn ihre Bestandteile so aufeinander abgestimmt sind, daß quantitative Disproportionen und qualitative Divergenzen (...) vermieden werden" (siehe Gaugler (1992) S. 4). Siehe auch Fleischmann (1988) S. 361.

[80] Siehe Fleischmann (1988) S. 353.

Planung und Steuerung von Kapazitätsabstimmung und Ressourceneinsatz mit den in Bild 2.2-3 dargestellten Freiheitsgraden fokussieren.

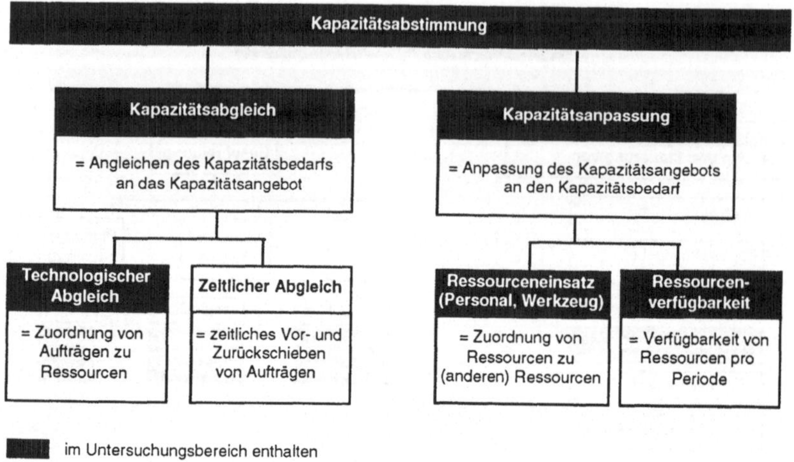

Bild 2.2-3:   Freiheitsgrade der Kapazitätsabstimmung[81] (in Anlehnung an REFA)

Aufgrund der Prämisse der Bedarfsorientierung wird der Untersuchungsbereich auf die Freiheitsgrade[82] des Ressourceneinsatzes[83], der Ressourcenverfügbarkeit und der Zu-

[81] Siehe REFA (1991) S. 192 und Hitomi (1994) S. 7. Corsten (1994) S. 16 und Günther (1994) S. 220f nennen drei Einflußfaktoren auf die Kapazität: Intensität (Leistung als Output pro Zeiteinheit), Einsatzzeit (Verfügbarkeit) und Querschnitt (Anzahl). Die Intensität ist von einigen Ausnahmen (siehe Günther (1994) S. 220) abgesehen nur langfristig beeinflußbar (siehe Schneeweiß (1992b) S. 16), beispielsweise im Rahmen der Personalentwicklung und der Prozeß- und Anlagenoptimierung und soll daher in dieser Arbeit als fix betrachtet werden. Vor allem beim Personal können Intensitätssteigerungen im kurzfristigen Bereich nur über marginale Zeitspannen sowie unter Beeinträchtigung des gesundheitlichen Zustands der Mitarbeiter und einer Verschlechterung der Arbeitsqualität realisiert werden (siehe Limbach (1987) S. 124). Siehe auch Schönsleben (1994) S. 156f.

[82] Typische Maßnahmen sind: das Umsetzen oder Versetzen von Personal, die Zuordnung von Werkzeugen (z.B. Formen für Spritzguß) und Vorrichtungen für den Ressourceneinsatz; die Durchführung von Überstunden, das Abbauen von Überstunden, Kurzarbeit, Einstellen und Entlassen von Mitarbeitern für die Anpassung der Ressourcenverfügbarkeit und das Verlagern von Aufgaben auf andere Personen oder Betriebsmittel oder verlängerte Werkbänke für den technologischen Abgleich (siehe REFA (1991) S. 309 und S. 393, Limbach (1987) S. 124). Bei der Anpassung der Verfügbarkeit des Personals sind inner- und außerbetriebliche Randbedingungen zu berücksichtigen, beispielsweise Tarifverträge (siehe Schneeweiß (1992b) S. 17). Zu den Planungsmöglichkeiten siehe auch Schönsleben (1998) S. 531f.

[83] „Aufgabe der Ressourceneinsatzplanung und -steuerung ist es, Menschen und Betriebsmittel einander zuzuordnen und die von ihnen zu erfüllenden Aufgaben festzulegen, um einen Ressourceneinsatz unter humanen und wirtschaftlichen Gesichtspunkten zu gewährleisten" (siehe REFA (1991) S. 194). Schönsleben (1998) S. 117 unterscheidet ebenfalls qualitative und quantitative Flexibilität.

ordnung von Aufträgen zu Leistungseinheiten, Maschinen oder Anlagen (technologischer Abgleich[84]) eingeschränkt[85]. Genau diese Freiheitsgrade haben in letzter Zeit auf verschiedenen Aggregationsebenen enorm an Bedeutung gewonnen, da viele Unternehmen externe, virtuelle Leistungseinheiten, beispielsweise in Form verlängerter Werkbänke, bewußt einsetzen[86] und intern die Flexibilität ihres Personals hinsichtlich Einsatzort und -zeit[87] nutzen können. Kapazitätsbeschaffung, -entwicklung, -erhaltung und -freistellung sollen in dieser Arbeit ausgeklammert werden, da es sich um keine Kapazitätsabstimmungsaufgaben, sondern um vollziehende Planungen handelt, d.h. das vorhandene Kapazitätsangebot ist an das geplante Kapazitätsangebot anzupassen.

Betrachtet man den eingegrenzten Untersuchungsbereich der Kapazitätsabstimmung und der Ressourceneinsatzplanung und -steuerung hinsichtlich des Charakters der durchzuführenden Aufgaben, so lassen sich bezüglich der Freiheitsgrade[88] drei grundsätzliche Aufgabentypen[89] definieren, nämlich die Planung und Steuerung

- des Ablaufs[90]: Zuordnung von Aufträgen zu Ressourcen, d.h. Leistungseinheiten oder Betriebsmitteln, speziell Anlagen oder Maschinen, und Festlegung von Reihenfolgen und genauen Terminen

---

[84] Siehe Braun (1994) S. 30. Der technologische Abgleich kann auch als Veränderung bzw. Durchführung einer Belegungsplanung für Ausweichmaschinen verstanden werden.

[85] Aus dem festen Liefertermin und der qualitativen und quantitativen Flexibilität der Ressourcen folgt die Verfahrensklasse der Planung gegen „unbegrenzte" Kapazität (siehe Schönsleben (1998) S. 162).

[86] Im Hintergrund steht dabei die Produktionsstrategie, Betriebsmittel mit Reserven zu dimensionieren, Personal dagegen knapp und flexibel einsetzbar (siehe Degen (1997) S. 15, Pieske (1990) S. 1049 und Kollmuß (1994) S. 51). Siehe auch Schönsleben (1998) S. 523 und Schönsleben (1992) S. 83.

[87] „Die zeitliche variable Nutzung der Personalkapazität kann an die individuelle Tages-, Wochen-, Monats-, Jahres- und Lebensarbeitszeit der Mitarbeiter anknüpfen. Flexible Arbeitszeitregelungen können den Umfang der individuellen Arbeitszeiten, die zeitliche Verteilung derselben sowie Kombinationen von beiden betreffen" (siehe Gaugler (1992) S. 8). „Die Untersuchung kapazitätsorientierter Arbeitszeitflexibilisierung steht erst am Anfang. Sie wird durch die stärkere Einbeziehung des Kapazitätsaspekts in die Produktionsplanung weitere Impulse erhalten" (siehe Schneeweiß (1992b) S. 24). Siehe auch Kossbiel (1992) S. 1660.

[88] Nicht der Zielfunktionen. Die Anpassung des Kapazitätsangebots an den Kapazitätsbedarf ist i.d.R. auch Ziel der Ressourcenzuordnungsaufgabe, beispielsweise im Rahmen der Personaleinsatzplanung.

[89] In der Literatur findet man synonym den Begriff „Problem". In dieser Arbeit wird der Begriff „Aufgabe" verwendet, um den betrieblichen Planungsprozeß gegenüber der Mathematik hervorzuheben. Zur Definition von Aufgabentypen siehe Schulte (1995) S. 62ff.

[90] Gemäß Fleischmann (1988) S. 348 „sind bei der Planung des zeitlichen Ablaufs der Produktion folgende Freiheitsgrade zu betrachten: Zuordnung der Produktionsaufträge zu Betriebsmitteln, Losgröße, Reihenfolge und genaue Terminierung der einzelnen Arbeitsgänge" (siehe auch Corsten (1994) S. 415).

- des Ressourceneinsatzes[91]: speziell Zuordnung von Personal[92], Werkzeugen oder Vorrichtungen zu Leistungseinheiten, Anlagen oder Maschinen bzw. dortigen Arbeitsplätzen

- der Ressourcenverfügbarkeit: Anpassung der zeitlichen Verfügbarkeit[93] von Ressourcen, insbesondere des Einsatzumfanges zusätzlicher externer Leistungseinheiten oder der Arbeitszeit des Personals.

Die drei dargestellten Aufgabentypen treten hinsichtlich der betrachteten Aufträge und Ressourcen, speziell deren Detaillierung, in der betrieblichen Praxis mannigfaltig auf. Um zumindest hinreichende - nicht unbedingt notwendige - Bedingungen für den zielorientierten und durchführbaren Einsatz des hier vorgelegten Optimierungsmodells für Zuordnungs- und Anpassungsaufgaben im Rahmen der Kapazitätsabstimmung ableiten zu können, ist eine anwendungsorientierte Spezifizierung erforderlich. Die Ablaufsteuerung kann abhängig von den in dem Planungsschritt betrachteten Freiheitsgraden in die Ressourcenbelegung[94], Terminierung[95] (Scheduling) oder Zuordnung[96] von Aufträgen zu

[91] Auch Zuordnungsproblem, Assignment Problem oder Ernennungsproblem genannt (siehe Müller-Merbach (1971) S. 175). Die Kombination der beiden Aufgaben, d.h. der Zuordnung von Aufträgen zu Ressourcen und der Zuordnung von Ressourcen zu anderen Ressourcen, wird auch als „multi-resource generalized assignment problem" bezeichnet (siehe Gavish (1991) S. 695).

[92] Die Optimierung des Personaleinsatzes hat dabei besondere Bedeutung (siehe Westkämper (1996b) S. 6). Kossbiel (1988) S. 1043 nennt vier Typen von Bereitstellungsaufgaben. In der vorgelegten Arbeit wird der bedeutendste Typ mit gegebenem Personalbedarf, prinzipiell gegebener Personalausstattung (= -angebot) und variablem Personaleinsatz betrachtet.

[93] Aufgrund der aus der Bedarfsorientierung resultierenden Notwendigkeit der kurzfristigen und kontinuierlichen Anpassung der Verfügbarkeit von Ressourcen wird die Beschaffung weiterer Ressourcen im Rahmen von Investitionsmaßnahmen (Kapazitätserweiterung, siehe Müller-Merbach (1971) S. 403) nicht betrachtet. Die Gestaltung von Schichtmodellen (siehe Chew (1991) S. 1061ff und Braun (1994) S. 82f) und die Zuordnung von Ressourcen zu diesen Schichtmodellen sollen ausgeklammert werden, da diese der ausgeklammerten Produktionsprogrammplanung zuzuordnen sind (Schneeweiß (1992b) S. 17). Flexible Schichtmodelle sind vielmehr als Rahmen zu interpretieren, innerhalb derer die Verfügbarkeit angepaßt werden kann.

[94] Siehe Fleischmann (1988) S. 360. Die hier verwendeten Begriffe werden in der Literatur teils nicht exakt oder sogar widersprüchlich definiert.

[95] Betrachtet man bei Aufträgen mit festen Mengen zusätzlich zu der Wahl der Betriebsmittel Beginn- und Endzeitpunkte der Bearbeitung, so spricht man vom „Scheduling Problem" (siehe Fleischmann (1988) S. 348 und S. 360f, Kurbel (1995) S. 39, Hitomi (1994) S. 6). Bei Betrachtung von nur einer Ressource reduziert sich das Scheduling Problem auf das Job Sequencing Problem (Reihenfolgeproblem, siehe Hitomi (1994) S. 8).

[96] Siehe Kurbel (1995) S. 39. REFA (1991) S. 196 bezeichnet dies als eine Aufgabe der „Kapazitätseinsatzsteuerung". In der englischsprachigen Literatur findet man den treffenderen Begriff des „Machine Loading Problems". Dabei gilt es, n Jobs auf m Maschinen mit unterschiedlichen Kosten zuzuordnen (siehe Ham (1985) S. 43ff und Geske (1997) S. 39f). Die reine Zuordnung der Produktionsaufträge zu Betriebsmitteln wird auch „Auswahl des optimalen Produktionsverfahrens" (siehe Müller-Merbach (1971) S. 43) genannt.

Ressourcen (Bild 2.2-4) klassifiziert werden. Bei der Ressourcenbelegung werden in diesem Planungsschritt Losgröße, ausführende Leistungseinheit und exakte Zeitpunkte für Beginn und Ende der Bearbeitung festgelegt, während die reine Zuordnung von Aufträgen zu Ressourcen - abgesehen vom Splitten - von einer durchgeführten Losbildung ausgeht und die Festlegung von genauen Terminen einer unterlagerten Steuerung überläßt, typischerweise der Selbstorganisation des Mitarbeiters vor Ort.

Aufgabe Freiheitsgrad	Belegung von Ressourcen mit Aufträgen	Terminierung von Aufträgen („Scheduling")	(reine) Zuordnung von Aufträgen zu Ressourcen („Machine-Loading")
Losgröße	ja	nein	(ja)
Leistungseinheit, Maschine oder Anlage	ja	ja	ja
Beginn- und Endzeitpunkt der Bearbeitung	ja	ja	nein
Reihenfolge auf der Maschine oder Anlage	ja	ja	nein

im Untersuchungsbereich enthalten

Bild 2.2-4:   Klassifizierung der Aufgaben der Ablaufsteuerung gemäß den Freiheitsgraden[97]

Bei der Organisation von Unternehmen als Verbund von dezentral organisierten teilautonomen Leistungseinheiten, die in der bedarfsorientierten Serienproduktion heute und zukünftig immer häufiger anzutreffen ist, gewinnt die reine Auftragszuordnung zu den Leistungseinheiten gegenüber dem Scheduling an Bedeutung[98], da das Scheduling hier eher den Charakter einer oft überzogenen und unrealistischen Genauplanung hätte und die reine Auftragszuordnung den Unternehmenseinheiten den zeitlichen Freiheitsgrad zur Selbstorganisation[99] gibt. Man kann von einer „Entfeinerung[100]" oder Vereinfachung der PPS sprechen. Der Verzicht auf ein zeitpunktorientiertes Scheduling zugunsten einer periodenorientierten Auftragszuordnung verringert als Nebeneffekt die Zahl der bei der

---

[97] Bei der Zuordnung von Aufträgen zu Ressourcen ist ein Splitten erlaubt.

[98] Siehe Westkämper (1996b) S. 6.

[99] Siehe Schönsleben (1998) S. 533, Aupperle (1993) S. 231f. und Dudenhausen (1996) S. 18.

[100] Siehe Möhle (1996) S. 47 und Westkämper (1994a) S. 90.

Planung festzulegenden Variablen und erleichtert damit die Anwendung von Optimierungsverfahren. Modelle mit mehreren 100.000 Variablen[101] sind heute rechenbar.

2.2.2   Einsatzgebiet des Optimierungsmodells zur Kapazitätsabstimmung

In Bild 2.2-5 ist - hinsichtlich der Kompetenz in Logistik, Technologie und Systemtechnik (siehe Bild 2.1-1) und der Fertigungsart[102] - differenziert[103] dargestellt, welchen Beitrag zur Zielerreichung die Zuordnung von Aufträgen zu Ressourcen, der Einsatz von Personal und Werkzeugen sowie die Anpassung der Verfügbarkeit der Ressourcen leisten und ob die Einsatzvoraussetzungen für Optimierungsverfahren, speziell die Verfügbarkeit von Daten, gewährleistet sind. Es wird zumindest in der Tendenz deutlich, daß in der Serienproduktion - und dort speziell in der Teilefertigung und Komponentenmontage - sowohl diese Freiheitsgrade als auch die Verfügbarkeit von Daten gegeben sind, wohingegen in der Einzel- und Kleinserienproduktion in der Tendenz eine zur Optimierung genügend gute Datengrundlage fehlt und in der variantenreichen Massenproduktion weitere Freiheitsgrade, speziell Losgrößen und Reihenfolgen, zu betrachten sind.

Als Auftrag soll hier die Aufforderung verstanden werden, eine bestimmte Aufgabe in einer bestimmten Menge in einer bestimmten Periode durchzuführen. Die Aufgabe kann sowohl die Durchführung eines einzelnen Arbeitsgangs in der Teilefertigung als auch eines ganzen Arbeitspakets umfassen, beispielsweise bei der Komponentenmontage oder Systemintegration. Da die Kapazitätsabstimmung eine periodenorientierte Betrachtung erfordert, ist es notwendig, Primärbedarfe aufzulösen und mittels einer Auftragsbildung und - bei mehrstufiger Produktion - einer Durchlaufterminierung[104] periodenbezogene Aufträge zu bilden. Beinhaltet ein so gebildeter Auftrag mehrere Aufgaben, die in nur einer Periode mit verschiedenen Betriebsmitteln hintereinander durchzuführen sind (beispielsweise bei

---

[101] Siehe Mertens (1992) S. 38. Dies ist eine tendentielle Aussage. Abhängig von speziellen formalen Problemeigenschaften (z.B. die Besetzung der Diagonalen) kann die Rechenzeit stark variieren.

[102] Siehe Fleischmann (1988) S. 348 und Luczak (1996) S. 13. Siehe auch die Fußnoten zur Serienfertigung in Kapitel 2.1.

[103] Eine Differenzierung ist erforderlich, siehe Schönsleben (1992) S. 82. Eine Allgemeingültigkeit kann nicht garantiert werden. Die Aussagen sind als Tendenzen zu interpretieren. Fallweise können andere Situationen auftreten.

[104] Siehe Wiendahl (1988) S. 305ff und S. 318ff, siehe Schönsleben (1998) S. 469ff.

großer Fertigungstiefe hauptsächlich in der Einzel- und Kleinserienproduktion[105], weniger aber bei (Groß-) Serienproduktion), so kann diese Mehrstufigkeit zu einem terminlichen Konflikt führen, der im Rahmen einer unterlagerten Ablaufsteuerung unter Beachtung der Arbeitsfolge zu lösen ist. Diese Aufgabe der Ablaufsteuerung ist bei abgestimmten Kapazitäten besser zu lösen, zusätzlich ist die Problemgröße reduziert[106]. Wo notwendig, kann das Scheduling im Sinne einer hierarchischen Planung als unterlagerte, auch verteilte, Planung[107] durchgeführt werden.

Typ des Produktionssystems	Freiheitsgrad gem. Bild 2.2-3	Einzel- und Kleinserien		Serien		Massen	
		Freiheitsgrad	Einsatzvoraussetzungen	Freiheitsgrad	Einsatzvoraussetzungen	Freiheitsgrad	Einsatzvoraussetzungen
Teilefertigung	Auftrag - Ressource	+	−	+	+	o	+
	Personaleinsatz	+	−	+	+	+	+
	Werkzeugeinsatz	o	−	o / +	+	o / +	+
	Ressourcenverfügbarkeit	+	+	+	+	+	+
Komponentenmontage	Auftrag - Ressource	o	−	o	o	−	−
	Personaleinsatz	+	−	+	+	o	o
	Werkzeugeinsatz	o	−	−	+	−	−
	Ressourcenverfügbarkeit	+	+	+	+	o	o
Systemintegration	Auftrag - Ressource	−	−	− / o	−	− / o	−
	Personaleinsatz	+	−	+	+	+	+
	Werkzeugeinsatz	−	−	−	−	−	−
	Ressourcenverfügbarkeit	+	+	+	+	−	−

Bild 2.2-5: Bedeutung der betrachteten Aufgabentypen bei unterschiedlichen Typen von Produktionssystemen und Fertigungsarten

Die die Losbildung beinhaltende Aufgabe der Belegung von Ressourcen, speziell Maschinen, mit Aufträgen ist aufgrund der großen Anzahl der Freiheitsgrade nur bei einer

---

[105] Siehe Dangelmaier (1984) S. 342f.

[106] Siehe Aupperle (1997) S. P40-P45 und Dye (1997).

[107] Siehe Yamamoto (1997) S. 62.

sehr geringen Anzahl[108] von Produkten optimal lösbar. Eine solche ist nur bei einer variantenarmen Massenproduktion, nicht aber in der Serienproduktion anzutreffen. Bei der Massenproduktion ist vor allem bei der Komponentenmontage, beispielsweise der Montage von elektrischen Aggregaten, und der Systemintegration, beispielsweise der Automobilmontage, aufgrund des hohen Automatisierungs- und Spezialisierungsgrads die Verfügbarkeit von alternativen Leistungseinheiten wie Ausweichmaschinen und die kurzfristige Anpaßbarkeit der Verfügbarkeit der Anlagen sehr gering, wogegen vor allem der zeitliche Kapazitätsabgleich und aufgrund der Fließfertigung Reihenfolgen[109] Kostenziele beeinflussen. Bei der Einzel- und Kleinserienproduktion und extrem bei der Einmalproduktion (z.B. Anlagenbau) sind zwar bei der Teilefertigung die in dieser Arbeit betrachteten Freiheitsgrade gegeben, die zur Optimierung benötigten Daten sind jedoch nicht in der benötigten Qualität verfügbar. Auch ist die Anzahl der zu betrachtenden Teile sehr groß, so daß der Einsatz von Optimierungsverfahren erschwert wird. Bei der Komponentenmontage und der Systemintegration bestehen kapazitive Engpässe weniger bei den Betriebsmitteln, sondern eher bei den in dieser Arbeit nicht betrachteten Flächen.

Bei der Serienproduktion bestehen Freiheitsgrade in der Zerlegung eines Auftrags in Arbeitspakete und der Zuordnung dieser zu einem eigenen oder fremden Lieferanten[110]. Alternativen in der Zusammensetzung von Prozeßketten werden genutzt und Leistungseinheiten im Sinne der Unternehmensziele optimal eingesetzt[111]. Ein bedarfsorientiertes „Einloggen" von Leistungseinheiten zu einem virtuellen Unternehmen[112] erlaubt eine Umwandlung von fixen in variable Kosten. Der Einsatz von verlängerten Werkbänken zur Durchführung nur eines Arbeitsgangs hat vor allem bei temporären Engpässen für die Teilefertigung große Bedeutung. Die optimale Zuordnung von Aufträgen und ggf. auch Werkzeugen zu Maschinen ist vor allem in der rüst- und bearbeitungsintensiven Teilefertigung zur Erreichung der Kostenziele von Relevanz. Der segmentübergreifende oder arbeitsplatzbezogene Personaleinsatz hat bei allen drei Typen überragende Bedeutung bei der Beherrschung einer stark schwankenden qualitativen Zusammensetzung des Auftragseingangs, vor allem wenn dieser mit einer zeitlichen Einsatzflexibilität der Mitarbeiter kombiniert werden kann.

---

[108] Siehe Fleischmann (1988) S. 360 und Zimmermann (1984) S. 1ff.

[109] Siehe Scherer (1994) S. 1 und Leopold (1997) S. 39f.

[110] Siehe Westkämper (1997b) S. 20.

[111] Siehe Sonderforschungsbereich (1996) S. 439.

[112] Siehe Westkämper (1997b) S. 21.

Zusammenfassend kann als Hauptanwendungsgebiet[113] des hier vorgestellten Optimierungsmodells die kundenauftragsorientierte Serienproduktion mit schwankendem Auftragseingang und -mix, vor allem in Teilefertigung und Komponentenmontage, bezeichnet werden, wenn diese ihre Kapazitätsflexibilität aus der flexiblen Zuordnung von Aufträgen zu Leistungseinheiten oder Ausweichmaschinen und dem zeitlich und örtlich flexiblen Personaleinsatz erzielen. Teile des Optimierungsmodells, beispielsweise die Personaleinsatzplanung[114], können auch darüber hinaus angewendet werden.

Da alternative Maßnahmen sowohl zur Zuordnung von Aufträgen zu Ressourcen wie Leistungseinheiten oder Maschinen, als auch zur Zuordnung von Personal, Werkzeugen oder Vorrichtungen zu Leistungseinheiten, Anlagen oder Maschinen oder auch zur Anpassung der zeitlichen Verfügbarkeit von Ressourcen und speziell des Personals unterschiedliche und oft gegenläufige Wirkungen hinsichtlich der Unternehmensziele haben, muß von einem Optimierungsproblem[115] gesprochen werden. Zur Lösung dieses Problems ist der Einsatz ausgereifter Methodiken[116] und EDV notwendig[117]. Daher wird im folgenden die Methodik zur Lösung der Zuordnungs- und der Anpassungsaufgabe detailliert untersucht.

---

[113] Siehe Schönsleben (1998) S. 162 und S. 533. „Man sollte nicht vergessen, daß sie (die mathematische Optimierung, a.d.V.) in vielen Branchen standardmäßig zur Entscheidungsvorbereitung genutzt wird", siehe Biederbick (1998) S. 158. Bei beschränkter Kapazität kann bei Mischfertigern die kapazitätsorientierte Materialbewirtschaftung (Korma) angewendet werden, bei der Lagernachfüllaufträge so eingesteuert werden, daß eine gute Kapazitätsauslastung und rechtzeitiges Liefern gleichermaßen erreicht werden (siehe Schönsleben (1998) S. 575-581).

[114] Siehe Kossbiel (1988) S. 1014 sowie Kossbiel (1992) S. 1654 (Allokationsthematik).

[115] Siehe Gutenberg (1979) S. 76-85.

[116] Aufgrund der „kurzen Fristen und der turbulenten Einflüsse steigt der Bedarf an hilfreichen Werkzeugen" (Westkämper (1996b) S. 6, siehe auch Westkämper (1991b) S. 2). Aber: „Das in der Praxis verbreitete PPS-Konzept enthält kaum Planungsmethoden (...)", siehe Fleischmann (1988) S. 317.

[117] Siehe REFA (1991) S. 313 und Westkämper (1991b) S. 2.

2.3 Methodische Aspekte der Kapazitätsabstimmung

2.3.1 Einordnung der Optimalplanung in den Prozeß der Kapazitätsabstimmung

Bei der Durchführung von komplexen Planungsaufgaben der Kapazitätswirtschaft und speziell der Kapazitätsabstimmung können mehrere Phasen[118] unterschieden werden (Bild 2.3-1). „Die Phase der Zielbildung hat im wesentlichen die Aufgabe der Operationalisierung der Ziele (...). Die Problemanalyse hat die Aufgabe, das Produktionssystem durch Festlegen von Kontrollobjekten und Erfassung von Kontrolldaten zu überwachen, Soll-/Ist-Abweichungen und andere problematische Situationen zu erkennen (...)."[119] Die Problemlösung umfaßt die Modellierung des Problems, die Suche nach Lösungsalternativen, die Bewertung dieser Lösungsalternativen und die Entscheidung, d.h. die Auswahl einer Alternative, die dann durchgesetzt und realisiert wird.

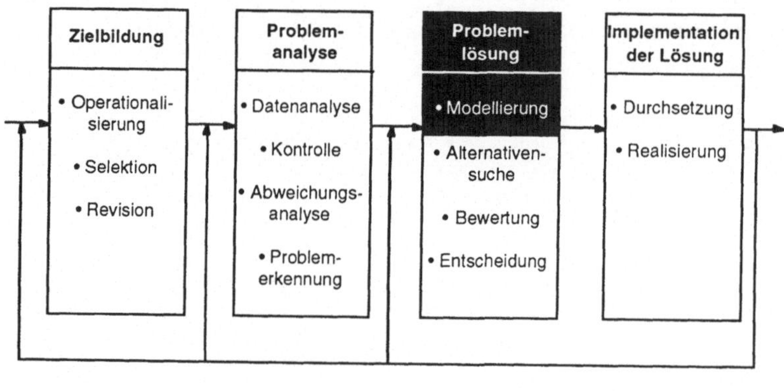

Bild 2.3-1:   Phasen bei der Durchführung von komplexen Planungsaufgaben der Kapazitätsabstimmung

---

[118] Siehe König (1997b) S. 30, auch zum Systemansatz von Bild 2.3-1. Vgl. REFA (1991) S. 198ff.
[119] Siehe König (1997b) S. 30f.

„Üblicherweise strebt man nach optimalem Handeln."[120] Optimales Handeln setzt eine optimale Entscheidung voraus. Aufgrund der Komplexität der Planungsaufgabe der Kapazitätsabstimmung, der damit verbundenen vielen Interdependenzen und der Vielzahl von Lösungsalternativen[121] ist die Phase der Problemlösung besonders stark zu unterstützen. Die Planungsaufgabe ist i.d.R. gekennzeichnet durch mehrere konkurrierende Ziele, die nicht primär vergleichbar[122] sind, und durch eine Vielzahl von Lösungen, die nicht explizit angegeben werden können. Damit kann diese Planungsaufgabe als „Multi-Criteria-Problem", die zugehörige Entscheidung als „Multi-Objective-Entscheidung"[123] bezeichnet werden. Neben der Kreativität ist der Einsatz mathematischer Methoden zur Problemlösung unabdingbar[124], insbesondere zur formalen Darstellung des Problems, zur Suche und zur Bewertung von Lösungen. Müller-Merbach faßt folgerichtig unter dem Begriff der „Optimalplanung[125] die Anwendung von mathematischen Methoden zur Vorbereitung optimaler Entscheidungen" zusammen, hier also die Modellierung, die Alternativensuche und die Bewertung der Alternativen. In der Regel kann davon ausgegangen werden, daß bei der Durchführung der Planung der Kapazitätsabstimmung alle relevanten Informationen vorliegen, d.h. während des einmaligen Planungslaufs kommen keine weiteren Informationen hinzu; daher kann die Entscheidung als Entscheidung mit a priori Information[126] bezeichnet werden. Bei veränderten oder nicht exakten Informationen

---

[120] Siehe Müller-Merbach (1971) S. 1. Das Grundprinzip wirtschaftlichen Handelns ist das ökonomische Prinzip, das u.a. besagt, daß mit gegebenen Mitteln ein maximales Ergebnis angestrebt werden soll oder ein gegebenes Ergebnis mit minimalen Mitteln (siehe a.a.O. S. 4).

[121] Selbst bei einer „kleinen" Zahl von Ressourcen ist die Zahl der Lösungen der Aufgabe der Zuordnungen von Aufträgen zu Maschinen „sehr groß".

[122] D.h. die Zielwerte sind in verschiedenen Einheiten angegeben. Siehe auch Nolting (1990) S. 628.

[123] Siehe Zimmermann (1991) S. 21f und S. 25.

[124] „(...) gibt es in der betrieblichen Praxis kaum noch Aufgaben, die nicht die Kenntnis der mathematischen Planungsmethoden verlangen" (siehe Müller-Merbach (1971) S. VI). „ (...) weil gerade in Wirtschaftsbetrieben die Anwendung mathematischer Planungsmethoden besonders häufig und vielseitig möglich und notwendig ist." Siehe a.a.O. S. 3. Zur Kritik der Anwendung mathematischer Methoden siehe a.a.O. S. 3f.

[125] Siehe Müller-Merbach (1971) S. 1. Müller-Merbach verwendet den Begriff „Optimalplanung" als Synonym für „Operations Research". Zu den Übersetzungen von „Operations Research" siehe a.a.O. S. 12. Methoden, die nicht im engeren Sinne zur Optimalplanung gerechnet werden können (beispielsweise Simulationsverfahren, lernende oder wissensbasierte Verfahren), da sie keine „optimale" Lösung anstreben, sondern nur eine zulässige bzw. zufriedenstellende, benötigen ebenfalls ein Modell. Daher kann die Modellierung dieser Arbeit als eine Vorarbeit zum Einsatz der genannten Methoden betrachtet werden.

[126] Siehe Zimmermann (1991) S. 30f. Das Zielprogrammieren scheidet als Methode aus, da der Benutzer in der Regel verschiedene Teilziele bzw. Anspruchniveaus, aber kein Gesamtziel nennen kann (siehe Zimmermann (1991) S. 110).

sind alternative Planungsläufe mit einer Untersuchung der Sensitivität möglich und sinnvoll.

Daher soll der Untersuchungsbereich dieser Arbeit auf die die Entscheidung vorbereitende Optimalplanung bei „Multi-Objective-Entscheidungen" eingeschränkt werden.

2.3.2   Aufgaben der Optimalplanung

Der Ablauf der Optimalplanung im Rahmen der Problemlösung läßt sich in die Modellierung, die iterative Suche nach Alternativen und die Bewertung von gefundenen Alternativen gliedern (Bild 2.3-2).   Da mathematische Verfahren[127] angewendet werden sollen, muß ein formales Modell, d.h. ein Optimierungsmodell[128] aufgebaut werden, das den relevanten[129] Ausschnitt der Realität, d.h. das Realproblem nachbildet. Das Modell ist dabei vom Verfahren zu unterscheiden[130]: Das Modell ist die Abbildung der relevanten Realität in die Sprache[131] der Mathematik, während das Verfahren auf diesem Modell operiert, indem es Lösungen generiert. Diese Trennung bewirkt u. a., „daß der Benutzer nicht mit den internen Vorgängen des Verfahrens belastet wird"[132].

---

[127] Verfahren wird hier gemäß Müller-Merbach (1971) S. 24 synonym mit Methode oder Algorithmus (siehe DIN 19226 S. 3) verwendet.

[128] Müller-Merbach (1971) S. 14ff faßt Formalmodell und Optimierungsproblem zum Optimierungsmodell zusammen. Zur Klassifikation von Modellen siehe Hanssmann (1993) S. 84ff. Bei dem hier betrachteten Optimierungsmodell handelt es sich um ein symbolisches, deterministisches, analytisches und dynamisches Modell (siehe Hanssmann (1993) S. 86).

[129] Zur Wahl des relevanten Ausschnitts der Realität siehe Müller-Merbach (1971) S. 14.

[130] „Für die meisten Probleme" (hier im Sinne von Modellen benutzt, A.d.V.) „lassen sich verschiedene Methoden einsetzen" (siehe Müller-Merbach (1971) S. 6 und S. 8 sowie Kosiol (1966) S. 195ff). Zum Einsatz einer bestimmten Methode muß das Modell i.d.R. in einer bestimmten Notation vorliegen (siehe Müller-Merbach (1979) S. 26; bei genetischen Algorithmen spricht man von „Codierung" (siehe Schulte (1995) S. 48).

[131] Gemäß Müller-Merbach (1971) S. 8 hat die „Mathematik die Funktion einer Sprache".

[132] Siehe Schulte (1995) S. 38. Außerdem liegen zur Abarbeitung des jeweiligen Verfahrens oft Standardprogramme vor, die dem Benutzer die Berechnung von Lösungen abnehmen (siehe Müller-Merbach (1971) S. 24). Hanssmann (1995) S. 175f betont diese Trennung von Modell und Verfahren und führt aus, daß zwei Richtungen des Operations Research daraus entstanden sind: Das „problemorientierte" und das „verfahrensorientierte" Operations Research. Er betont, daß das problemorientierte OR wesentlich praxisorientierter ist und dementsprechend „Triumphe" feiern konnte.

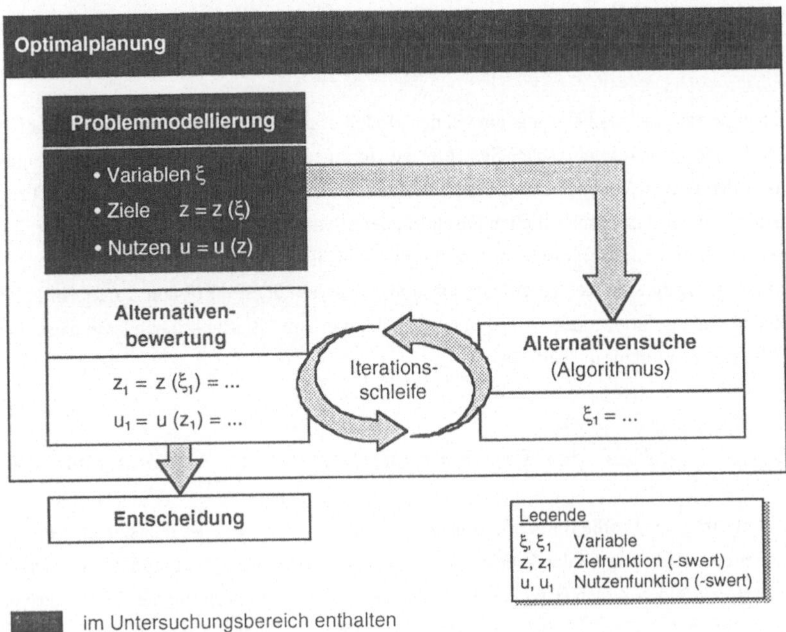

Bild 2.3-2:   Ablauf der Problemlösung

Das Optimierungsmodell wird zum einen beschrieben[133] durch die Angabe der möglichen Handlungsalternativen, d.h. der „zulässigen Lösungen" als Variablen und einschränkenden Nebenbedingungen, zum anderen durch eine Bewertung jeder Handlungsalternative mit verschiedenen Zielwerten und subjektiven Werturteilen, mit denen der subjektive Nutzen des jeweils erreichten Zielwerts beurteilt wird. Dadurch erfolgt die aufgabenspezifische Präzisierung des Begriffs „optimal[134]". Weiter muß bei Vorliegen mehrerer konkurrierender Ziele im Rahmen der Bewertung auch eine Abwägung, ein Kompromiß getroffen werden[135]. Das Optimierungsverfahren hat die Aufgabe, zulässige Lösungen zu erzeugen, deren Zielbeitrag bewertet[136] wird. Dies erfolgt in einem iterativen Prozeß so

---

[133] Siehe Zimmermann (1991) S. 23.

[134] Zur Diskussion des Begriffs „optimal" siehe Müller-Merbach (1971) S. 21ff und DIN 19236 S. 3; speziell zur Optimalität bei Multi-Objective-Entscheidung siehe Zimmermann (1991) S. 35.

[135] Siehe Zimmermann (1991) S. 22 und Laux (1982) S. 66f.

[136] Siehe Zimmermann (1991) S. 24 und Chankong (1983) S. 4-17.

lange, bis eine oder alle optimalen[137] Lösungen gefunden wurden oder bis eine zulässige Lösung gefunden wird, die dem Anspruchsniveau des Benutzers genügt.

Handlungsbedarf besteht vor allem bei der Modellierung. Die „mathematisch-quantitative Modellierung soziotechnischer Systeme" gewinnt neuerdings gegenüber der „mathematisch-deduktiven Manipulation eines einmal erstellten Modells" an Bedeutung und hat zur Bildung einer wissenschaftlichen Disziplin, der „Systemforschung", geführt[138]. Verfahren und Standardprogramme zur Erzeugung von Lösungen sind vorhanden[139]. Die Bewertung ergibt sich bei geschlossenen und expliziten Zielfunktionen durch einfache Rechnung aus dem Modell, bei nicht explizit definierbaren Zielfunktionen kann diese mit Hilfe einer Simulation[140] erfolgen.

2.3.3   Ziele der Problemmodellierung zur Optimalplanung

Der Beitrag der Problemmodellierung zur Erreichung der Unternehmensziele[141] ergibt sich aus dem Beitrag zu den Zielen der Kapazitätsabstimmung. Dabei muß unterschieden werden zwischen Zielen (Bild 2.3-3), die die eigentliche Durchführung der Modellierung betreffen, und Zielen, die auf Basis der Modellierung im Rahmen der Kapazitätsabstimmung erreicht werden sollen[142].

---

[137] Eine Lösung heißt optimal, wenn es keine echt besseren zulässigen Lösungen gibt.

[138] Siehe Hanssmann (1993) S. 6f.

[139] Vor allem genetische Algorithmen haben auch in der Praxis Erfolge vorzuweisen (siehe Managermagazin (1996) S. 113).

[140] Siehe König (1997b) S. 24. Beide (Optimalplanung und Simulation) haben eine Berechtigung nebeneinander, je nachdem wie die Zielfunktion darstellbar ist. Bei der Kapazitätsabstimmungsplanung ist die Zielfunktion in der Regel geschlossen und explizit darstellbar (siehe Optimierungsmodell in Kap. 6.2). Bei sehr komplexen gemischten Problemen, bei denen beide Fälle auftreten, kann ein Teilproblem durch die hier vorgestellte Optimalplanung gelöst, das Gesamtproblem gleichzeitig durch Simulation bewertet werden (vgl. Kapitel 8). Damit werden die Vorteile von Simulation und Optimalplanung kombiniert: Methoden der Optimalplanung zur Lösungssuche vor allem bei beschränkten „kleinen" Teilproblemen, Simulation zur umfassenden „großen" Bewertung des Gesamtproblems.

[141] Zu Zielbereichen und Kenngrößen siehe Schönsleben (1998) S. 93-102.

[142] Vgl. dazu Korluth (1962) S. 21.

Aus dem Ziel der Kapazitätswirtschaft, „die zur Durchführung von Arbeitsaufgaben benötigten Ressourcen in der erforderlichen Qualität[143] und Anzahl rechtzeitig und am richtigen Ort zur Verfügung zu stellen"[144], leiten sich die Optimierungsziele[145] der Kapazitätsabstimmung ab. Insbesondere gilt es, aufgrund der Bedarfsorientierung Kapazitätsunterdeckungen und aus Kostengründen Kapazitätsüberdeckungen zu vermeiden[146]. Typische Beispiele zeigen, daß bei einer Auslastung von 90 - 105% „eine Rentabilität und ein ausreichendes Betriebsergebnis erreicht werden kann"[147]. Die Ressourceneinsatzplanung im Rahmen der Kapazitätsabstimmung muß Menschen und Betriebsmittel so einander zuordnen und die von ihnen zu erfüllenden Aufgaben festlegen, daß ein Ressourceneinsatz unter humanen und wirtschaftlichen Gesichtspunkten gewährleistet ist[148]. Wirtschaftlichkeit bedeutet hier die Minimierung der Kosten für die Ressourcen Betriebsmittel und Personal[149], die zum einen durch die Zahl und die Art der Ressourcen, und zum anderen durch die Kosten für ihren Einsatz (z.B. Anzahl der Überstunden) determiniert werden. Das Erreichen des Ziels Qualität wird dadurch unterstützt, daß Aufträge nur durch Ressourcen bearbeitet werden dürfen, die eine entsprechende Prozeßfähigkeit[150] besitzen, d.h. mindestens vorgegebene Fertigungstoleranzen einhalten. Man kann von einer binären[151] Eignung von Ressourcen zur Durchführung eines Auftrags sprechen.

---

[143] Pfeifer (1996) S. 509 definiert mit Verweis auf DIN 55350, Teil 11: „Qualität ist die Beschaffenheit einer Einheit bezüglich ihrer Eignung, festgelegte und vorausgesetzte Erfordernisse zu erfüllen." Siehe auch Westkämper (1991b) S. 8 und S. 52ff.

[144] Siehe REFA (1985) S. 186.

[145] Vgl. Zimmermann (1991) S. 21.

[146] Siehe REFA (1985) S. 192 und Schneeweiß (1992b) S. 21. Typische Kostenziele sind die Minimierung der Mehrarbeitskosten durch Überstunden und/oder Zusatzschichten (siehe Mertens (1992) S. 38). Siehe auch Schönsleben (1998) S. 157.

[147] Siehe Westkämper (1997b) S. 12.

[148] Siehe Bullinger (1990) S. 55 und REFA (1991) S. 194. Für die Werkzeugeinsatzplanung und -steuerung gilt insbesondere das Ziel der hohen Werkzeugausnutzung (siehe Leinhäuser (1996) S. 9).

[149] Zu den Zielen der Personalkapazitätsanpassung und Personalzuordnung siehe speziell auch Braun (1994) S. 37f und S. 47ff.

[150] Siehe Pfeifer (1996) S. 326ff.

[151] Pfeifer (1996) S. 237 definiert sogar einen Fähigkeitsindex c_p als „Maß der Prozeßstreuung im Verhältnis zur Toleranzbreite." Damit ist es möglich, innerhalb der Toleranzgrenzen die Prozeßfähigkeit kontinuierlich zu differenzieren und so z.B. die Wahrscheinlichkeit für Ausschuß oder Nacharbeit und damit die Fehlerkosten (Westkämper (1991b) S. 164) zu betrachten.

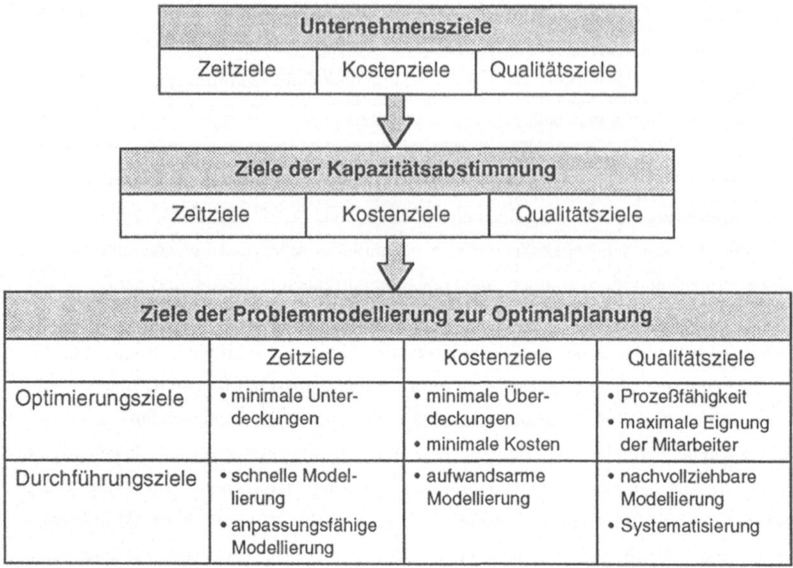

Bild 2.3-3:   Ziele der Problemmodellierung

Die Eignung[152] der Arbeitskräfte für bestimmte Aufgaben und Arbeitsplätze ist ebenfalls eine „qualitative Dimension"[153] und kann im Rahmen der Personaleinsatzplanung mittels Eignungsgraden zwischen null und eins feiner differenziert werden. Neben den Unternehmenszielen sind soziale Zielgrößen wie die Ziele des Mitarbeiters zu berücksichtigen[154]. Diese umfassen die Neigung[155] für bestimmte Aufgaben bzw. Aufträge oder Arbeitsplätze, den Wunsch nach Arbeitszeiten, die die zeitliche Belastung in einem akzeptierten Rahmen halten, sowie das Streben nach Zufriedenheit, welche durch den Einsatz an einem Arbeitsplatz gefördert wird, für den der Mitarbeiter körperlich und qualifikationsbezogen geeignet ist.

---

[152] „Unter Eignung werden alle Kenntnisse, Erfahrungen und physisch-psychischen Bedingungen einer Person verstanden, die in Bezug auf ihren Einsatz (...) von Bedeutung sind" (siehe Braun (1994) S. 38, Bullinger (1992) S. 84ff und 109ff, Hackstein (1975) S. 1495, Zülch (1979) S. 12ff).

[153] Siehe Kossbiel (1992) S. 1655. Vgl. Schönsleben (1994) S. 255ff.

[154] Siehe Braun (1994) S. 37.

Für die Durchführung der Modellierung gelten weitere Zeit-, Kosten- und Qualitätsziele. Eine schnelle Modellierung ermöglicht eine schnelle Problemlösung und dadurch einen Zeitgewinn, der einen Verlust von Reaktionsmöglichkeiten wegen verspäteter Planung ausschließt[156]. Eine schnelle Anpaßbarkeit des Modells ermöglicht eine Anpassung der Zielsetzung der Kapazitätsabstimmung an veränderte Unternehmensziele und -strategien, die aufgrund von turbulenten Märkten und Erscheinungen des offenen Wandels[157] notwendig werden können. Eine aufwandsarme[158] Modellierung und Datenversorgung erbringt durch einen reduzierten Personalaufwand einen Beitrag zu Kostenzielen. Die Qualität der Modellierungsdurchführung[159] zeigt sich an einem unterstützten[160], nachvollziehbaren und dem Benutzer verständlichen Modellierungsprozeß, im Laufe dessen alleine durch die systematische Modellierung[161] eine Bewußtwerdung der Freiheitsgrade und der Ziele erfolgt.

2.3.4 Computergestützte Optimalplanung

„Die meisten praktischen Probleme der Optimalplanung erreichen solche Größen, daß sie nicht mehr ohne elektronische Datenverarbeitungsanlagen zu lösen sind."[162] Dies gilt insbesondere auch für Probleme der Kapazitätsabstimmung, die aufgrund der Anzahl der Aufträge und Ressourcen und der damit verbundenen Freiheitsgrade eine ohne elektronische Hilfsmittel[163] nicht mehr überblickbare Anzahl von Lösungen aufweisen. Dieser

---

[155] Unter Neigung eines Mitarbeiters sollen persönliche Präferenzen verstanden werden (siehe Braun (1994) S. 38).

[156] Vgl. König (1997b) S. 26.

[157] Vgl. Scherer (1994) S. 26 und König (1997b) S. 14.

[158] Der hohe Aufwand für die Modellierung ist oft ein Grund für das Nichtvorhandensein von Funktionalitäten von PPS-Systemen (siehe Möhle (1996) S. 50).

[159] Laut Pfeifer (1996) S. 509 gilt der Qualitätsbegriff „auch für Dienstleistungen" wie die Modellierung.

[160] Siehe Zimmermann (1991) S. VI.

[161] Siehe König (1997b) S. 27.

[162] Siehe Müller-Merbach (1971) S. 24 und Nolting (1990) S. 626f. Bei der Zuordnungsaufgabe mit zehn Mitarbeitern und zehn Maschinen gibt es 10! = 3 628 800 Lösungen.

[163] Siehe Tempelmeier (1996) S. 29. Der Einsatz von Rechnern und Konzepte wie Lean Production stehen nicht im Widerspruch zueinander, sondern ergänzen sich (siehe Westkämper (1992) S. 17).

Anforderung steht die Verfügbarkeit von Standardprogrammen[164] zur Lösung bestimmter Problemtypen der Optimalplanung gegenüber.

„Zur Unterstützung der Produktion werden in der Praxis vielfältige (...) Planungs- und Informationsversorgungsinstrumente eingesetzt. Vor allem die Existenz von Produktionsplanungs- und -steuerungssystemen (PPS-Systeme) kann heute als vorhanden vorausgesetzt werden."[165] Es gilt nun, die vorhandenen PPS-Systeme als Informationsversorgungssysteme[166] für die Systeme der Optimalplanung einzusetzen[167]. Dann müssen einerseits für die Optimalplanung notwendige Daten nicht nochmals akquiriert werden, andererseits können preisgünstig vorhandene Standardprogramme für die Optimalplanung genutzt werden. Dadurch wird ein Beitrag zur Erreichung der in Kapitel 2.3.3 genannten Kosten-[168] und Zeitziele geleistet.

Eine EDV-Anwendung kann hinsichtlich der hier diskutierten Aufgabenstellung in drei Schichten gegliedert[169] werden (Bild 2.3-4): Die Schicht der Funktions- und Hilfsmodule umfaßt die eigentliche Verarbeitung, die Benutzeroberfläche sowie Hilfsmodule beispielsweise zur Systempflege. „Das Informationsmodell ist die Zusammenfassung aller für die Beschreibung der Eigenschaften eines Objektes notwendigen Eigenschaften."[170] Die Daten sind i.d.R. in einer Datenbank hinterlegt, deren logische Struktur in einem Da-

---

[164] Siehe Müller-Merbach (1971) S. 25f. Diese Programme sind oft auf dem PC lauffähig und unterstützen bedingt auch den Modellierungsprozeß (siehe Zimmermann (1991) S. VI).

[165] Siehe König (1997b) S. 27.

[166] Siehe König (1997b) S. 27: „Informationsversorgungsinstrumente beschaffen Informationen, die von Planungsinstrumenten weiterverarbeitet werden." Siehe auch Müller-Merbach (1971) S. 25.

[167] Hanssmann (1995) S. 177 stellt heraus, daß „OR auf drei Grundsäulen ruht: dem mathematischen Modell des betroffenen Systems, dessen operationaler Versorgung mit Daten und seiner informationstechnologischen Implementierung zum Zweck der Datenbereitstellung sowie der erforderlichen Modellrechnungen" .

[168] Siehe Ordenewitz (1996) S. 14.

[169] Siehe König (1997b) S. 28 und Quack (1997) S. 47.

[170] Siehe Ordenewitz (1996) S. 17. Zur Realisierung von Informationssystemen werden Methoden wie „Systems Engineering" eingesetzt (siehe Schönsleben (1994) S. 14).

tenmodell[171] spezifiziert ist. Die technische Übertragung der Daten von der Datenbank des PPS-Systems in die Datenbank des Optimalplanungssystems ist prinzipiell gelöst[172].

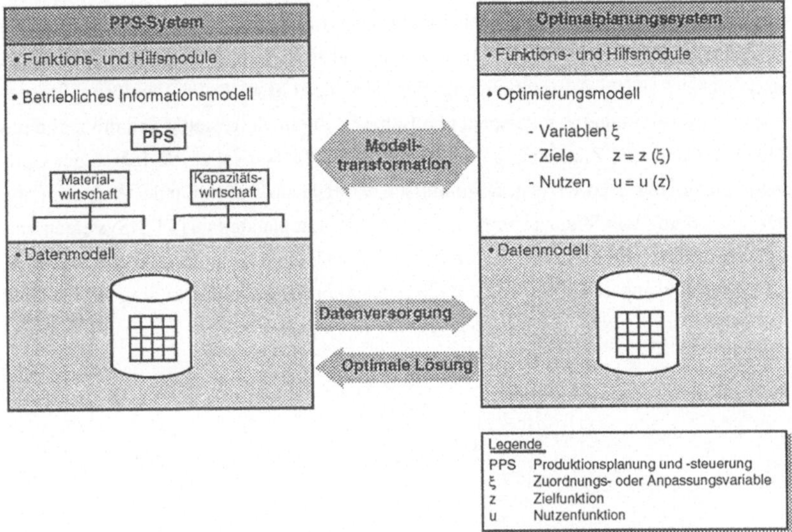

Bild 2.3-4:   Zusammenwirken von betrieblichem Informationsmodell und Optimierungsmodell[173]

Handlungsbedarf besteht dagegen in der logisch-semantischen[174] Transformation der Modelle, bei der definiert werden muß, wie die Objekte des Optimierungsmodells mit denen des betrieblichen Informationsmodells im PPS-System zusammenhängen. Die Modellierung als Untersuchungsbereich dieser Arbeit wird daher differenzierter abgegrenzt in die Modellierung der zur Kapazitätsabstimmung relevanten Teilmodelle des

---

[171] Zur Unterscheidung von Informationsmodell und Datenmodell, das die Struktur der physischen Speicherung in einem Datenhaltungssystem festlegt, siehe Ordenewitz (1996) S. 17f.

[172] Lösungen sind unterschiedlich komfortabel und aufwendig. Beispielsweise können Export- und Importfunktionen bei Datenbanken oder die Übertragung im gebräuchlichen ASCII-Format genannt werden (siehe Ordenewitz (1996) S. 28).

[173] Vgl. Nolting (1990) S. 626.

[174] „In beiden Gebieten liegt die Schwierigkeit in der modellhaften Abbildung, d.h. in der Schaffung der logisch virtuellen Ebenen, also der Modelle (...)" (siehe Müller-Merbach (1992) S. 336).

betrieblichen Informationsmodells, des Optimierungsmodells und der Transformation zwischen beiden Modellen[175].

Zusammenfassend besteht nach den Ausführungen in Kapitel 2 der Untersuchungsbereich dieser Arbeit in der Produktionsplanung und -steuerung der Serienproduktion bei stark schwankendem Auftragseingang. Für die in der Phase der Problemlösung bei der Kapazitätsabstimmung von Personal und Betriebsmitteln vielgestaltig und mit mehreren Zielen auftretenden Zuordnungs- und Anpassungsaufgaben sollen Verfahren der Optimalplanung eingesetzt werden. Dazu müssen Modelle zur Definition der Aufgaben und der Versorgung von Standardprogrammen zur Optimalplanung aus PPS-Systemen entwickelt werden. Die Modellierung im Rahmen der Optimalplanung soll damit schneller, effizienter und anpaßbarer durchgeführt werden können, was einen Beitrag zur besseren Erreichung von Kosten- und Zeitzielen leistet.

---

[175] Ein weiterer Effekt dieser Trennung der Modelle ergibt sich dadurch, daß innerhalb des mathematischen Optimierungsmodells mathematische Schritte „unabhängig von jeglicher problembezogener Deutung auf rein schematische Weise" (siehe Müller-Merbach (1971) S. 9) durchgeführt werden können, während die Interpretation der Ergebnisse im Rahmen des betrieblichen Informationsmodells, also in einer „natürlichen Sprache" (siehe Müller-Merbach (1971) S. 9 und Kosiol (1964) S. 743-762) erfolgen kann.

3 Anforderungen an ein generisches Optimierungsmodell und seine Datenversorgung

Die Anforderungen an ein generisches Optimierungsmodell für Zuordnungs- und Anpassungsaufgaben im Rahmen der Kapazitätsabstimmung müssen gemäß der in Bild 2.3-4 dargestellten Architektur gegliedert werden. Die Anforderungen an die Architektur, d.h. das Aufbauprinzip des Modells, beziehen sich auf die Eigenschaften des Gesamtmodells aus Optimierungsmodell und seiner Datenversorgung, d.h. betrieblichem Informationsmodell und Modelltransformation. In Kapitel 3.2 - 3.4 werden aus der in Kapitel 2 definierten Aufgabenstellung spezifische Anforderungen an die drei genannten Teilmodelle abgeleitet.

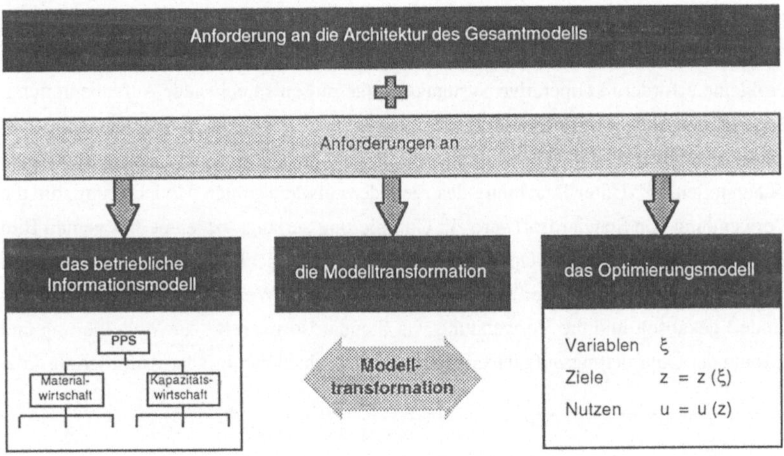

Bild 3-1: Gliederung der Anforderungen an ein generisches Optimierungsmodell

Gemäß dieser Gliederung sind zunächst die Anforderungen an die Architektur des Modells zu spezifizieren: Aus dem gewählten Untersuchungsbereich der Problemmodellierung folgt sofort, daß das Modell eine problemorientierte Darstellung der Zuordnungsbzw. Anpassungsaufgabe ermöglichen muß. Dies bedeutet, daß die Modellierung anwendungs- und problemorientiert ist und die Spezifika der Verfahren, die zur Lösung des Problems angewendet werden sollen, bei der Formulierung des Modells zunächst bewußt nicht betrachtet werden. Die wissenschaftlichen, v.a. mathematischen Hilfsmittel sind dem Zweck der Lösung des Problems unterzuordnen[176].

Die Zuordnungs- und Anpassungsprobleme treten, wie in Kapitel 2.2 gezeigt, in der Praxis vielgestaltig auf, d.h. sowohl Freiheitsgrade als auch Nebenbedingungen und Ziele können sich von Anwendungsfall zu Anwendungsfall unterscheiden[177]. Problemorientierung bedeutet hier die Möglichkeit, mittels des generischen Modells nicht einmalig ein ganz spezielles, anwendungsfallspezifisches Problem, sondern eine ganze Klasse[178] von Zuordnungs- und Anpassungsproblemen abbilden zu können, nämlich möglichst „viele" Probleme der in Kapitel 2.2 definierten Art. Die Forderung, alle Zuordnungs- und Anpassungsprobleme vollständig abbilden zu können, ist dagegen utopisch[179].

Die in dieser Arbeit betrachtete komplexe Aufgabenstellung impliziert Anforderungen an DV-technische Systeme zur Unterstützung der Problemlösung: „Lösungen komplexer Probleme erfordern kooperative Systemkonzepte mit entsprechender Aufgabenteilung. Teilsysteme sollten mit flexiblen DV-Werkzeugen ausgestattet sein und eine (...) Synchronisierung der Teilsysteme muß die Konsistenz des Gesamtsystems sicherstellen."[180] Unter Beachtung des Ziels der aufwandsarmen Modellierung, die die Verwendung von Standardsoftware zur Optimierung verlangt, bedeutet dies gemäß Bild 2.3-4 eine Trennung[181] von Optimierungsmodell und betrieblichem Informationsmodell mit expliziter Darstellung der Transformation. Auf diese Weise wird das Optimierungsmodell gekapselt und die Verwendung von Standardsoftware[182] zur Modellierung und Lösung der Optimierungsaufgabe ermöglicht. Dies geht einher mit der Anforderung, „die

---

[176] Das problemorientierte OR feierte u.a. auch deswegen Triumphe, weil dessen Anhänger nicht wie die des verfahrensorientierten OR „mit Antworten herumlaufen und nach Fragen suchen" (siehe Hanssmann (1995) S. 176).

[177] „(...) problems often differ because of the need to take into account constraints that are specific to a particular industrial environment", siehe ILOG (1994) S. 4.

[178] Siehe Varga (1991) S. 70. Varga zeigt, daß zur Entwicklung von Fertigkeiten der Modellierung das Verständnis von Problemtypen genügt und daß man zunächst vom konkreten Inhalt absehen kann.

[179] Siehe Müller-Merbach (1979) S. 20f.

[180] Siehe Schrade (1997) S. 24.

[181] Dieser Ansatz ist vergleichbar mit dem von Schönsleben, der CIM-Basisobjekte definiert, auf die unterschiedliche Funktionen zugreifen, hier bspw. die Optimierung (siehe Schönsleben (1994) S. 79).

[182] Daraus ergibt sich auch ein Kostenvorteil, da die Optimierungssoftware auf einem PC oder einer Workstation mit einem sehr guten Preis-Leistungsverhältnis installiert und teure Rechenzeit auf dem Host vermieden werden kann (siehe Mertens (1992) S. 41). Extrem komplexe und umfangreiche Probleme sind nur auf Großrechnern lösbar, d.h. eine Vereinfachung und Komplexitätsreduzierung (Verzicht auf eine überzogene Genauplanung) der zu lösenden Aufgaben ist vorteilhaft (siehe Kapitel 2.2).

methodischen Mängel in der derzeitigen Planungspraxis" mittels praxisorientierter Ansätze des Operations Research zu überwinden[183], und erleichtert gleichzeitig die Realisierung, da der Kern bestehender PPS-Systeme nicht angegriffen werden muß[184], aber Daten aus dem PPS-System genutzt werden können. Weiter ist es so möglich, Optimierungs- und Simulationssysteme im Verbund[185] einzusetzen, was aufgrund der Bedeutung[186] von Simulationssystemen bei der Kapazitätsabstimmung wichtig ist. Fernziel kann sein, zur Lösung einer spezifischen Optimierungsaufgabe via Internet geeignete Problemlösungsalgorithmen einzusetzen, denen das Optimierungsmodell formalisiert übergeben wird.

Die Trennung und Kapselung der Teilmodelle ist Voraussetzung für den Aufbau von individuellen fallspezifischen Optimierungsmodellen. Der „Weg, der für die Praxis der einzig mögliche zu sein scheint, besteht darin, daß man für jedes Problem ein eigenes Modell aufstellt"[187]. „Man erkennt an Beispielen, daß OR-Algorithmen als maßgeschneiderte Lösungen teilweise eindrucksvolle Ergebnisse bringen. Es gilt freilich zu bedenken, daß solche betriebsindividuellen OR-Verfahren hohe Entwicklungskosten verlangen (...)."[188] Aufgrund des Durchführungsziels der schnellen, anpassungsfähigen und aufwandsarmen Modellierung ist es daher nicht zielkonform, jedes Problem ohne mächtige Hilfsmittel zu modellieren. Vielmehr müssen aufgabenspezifisch vordefinierte generische Konstrukte[189] vorhanden sein, mit denen der Anwender sein spezielles Problem aufwandsarm modellieren kann. Daher muß der Aufbau eines fallspezifischen Modells durch

---

[183] Siehe Fleischmann (1988) S. 347.

[184] Siehe Westkämper (1994b) S. 30 und Schneeweiß (1992b) S. 16.

[185] Siehe Nolting (1990) S. 626. „Wesentlich ist die Gestaltung des Gesamtsystems, das die Methoden in der richtigen Weise entsprechend dem Anwendungsfall kombiniert" (siehe Fleischmann (1988) S. 366). Aufgrund der Trennung und Kapselung von betrieblichem Informationsmodell und eigentlichem Optimierungsmodell ist es möglich, bei Bedarf die Teilmodelle und Lösungsverfahren durch fallspezifisch jeweils bestgeeignete zu ersetzen, beispielsweise das betriebliche Informationsmodell durch ein Simulationsmodell oder das Optimierungsmodell durch ein Modell und Verfahren auf Basis synergetischer Mustererkennung (siehe König (1997b) S. 1ff).

[186] Siehe Mertens (1992) S. 36 und Nolting (1990) S. 625.

[187] Siehe Müller-Merbach (1972) S. 21 und Scherer (1994) S. 10.

[188] Siehe Mertens (1992) S. 39.

[189] Genau dieser Ansatz wird auch in den Arbeiten von KCIM bzw. QCIM verfolgt: „Im Rahmen dieses Projekts werden Konstrukte erarbeitet, mit deren Hilfe betriebsspezifische Informationssysteme generiert werden können" (siehe Ordenewitz (1996) S. 25). Der Nutzen generischer Modellbausteine (Konstrukte) wird allgemein akzeptiert und diese breit angewendet (siehe Holland (1995) S. 34). Siehe auch Warnecke (1996) S. 21 zu bestehenden Ansätzen zur Modellierung.

eine Spezialisierung und Synthese von generischen Bausteinen[190] im jeweiligen Teilmodell erfolgen. Diese Bausteine müssen feingranular[191] sein und nicht aus ganzen Problemen bestehen. Dies ergibt sich aus der Forderung nach maßgeschneiderten Modellen, die laufend an durch die Dynamik der Märkte veränderte betriebliche Anforderungen angepaßt werden können, beispielsweise durch das Variieren[192] von Zielen bzw. Zielgewichten oder das Hinzufügen eines weiteren Ziels[193].

Das Aufstellen eines Optimierungsmodells erfordert kreatives Denken. Eine automatische Modell- und Methodenauswahl „erscheint nicht nur nicht durchführbar, sondern ist auch nicht erstrebenswert"[194]. Damit spielt der Mensch als Modellierer eine entscheidende Rolle, woraus folgt, daß ein Hilfsmittel zur Modellierung von Zuordnungs- und Anpassungsaufgaben benutzungsfreundlich sein muß, d.h. daß die Modellierung in einer einfachen, höheren Sprache erfolgen muß. „Dies verbessert die Schnittstelle zum Anwender und vereinfacht die Handhabung und Bedienung der Systeme."[195] Eine DV-orientierte Modellierung in einer Programmiersprache oder mittels einer Klassenbibliothek leistet diese Benutzungsfreundlichkeit nicht[196].

Die Anforderungen an die Architektur des Optimierungsmodells und seine Datenversorgung sind in Bild 3-2 zusammengefaßt.

---

[190] Also nicht in der Entwicklung einer generischen Modellierungssprache, sondern von problemspezifisch einsetzbaren Bausteinen. Laut VDI (siehe VDI (1993) S. 8) sind zur Umsetzung eines Gedankenmodells „formale vordefinierte Strukturen" notwendig.

[191] „Both variables and constraints are defined by class that can be inherited (good extensibility and maintainability of the application)", siehe ILOG (1994) S. 1.

[192] Siehe Sonderforschungsbereich (1996) S. 439.

[193] „New constraints can appear in the future (...)", siehe ILOG (1994) S. 2. Dadurch wird auch der Erkenntnis- und Lernprozeß aus dem Optimierungsmodell unterstützt: „Known solutions of the models (...) are especially useful for the decision maker if he obtains additional informations which offer new insights into the problem structures. On the basis of this he may be in a position to modify his models" (Weber (1990) S. 185).

[194] Siehe Müller-Merbach (1979) S. 21.

[195] Siehe Westkämper (1992) S. 18.

[196] Benutzer des hier entwickelten Modells haben einen ingenieurwissenschaftlichen Hintergrund, sind also i.d.R. keine Informatiker oder Programmierer.

3.1 Anforderungen an das Optimierungsmodell

Das Optimierungsmodell wird gemäß Kapitel 2.3.2 zum einen beschrieben durch die Angabe der als „zulässige Lösungen" bezeichneten möglichen Handlungsalternativen, zum anderen durch eine Bewertung jeder Handlungsalternative mit verschiedenen Zielwerten und Werturteilen, mit denen der subjektive Nutzen des jeweils erreichten Zielwerts beurteilt wird. Für die gewählte Aufgabenstellung, ein generisches Optimierungsmodell für Zuordnungs- und Anpassungsaufgaben im Rahmen der Kapazitätsabstimmung zu definieren, bedeutet dies, daß zur formalen Beschreibung der Entscheidungsalternativen Entscheidungsvariablen[197] in einer mathematischen Notation zu benutzen sind, die sämtliche Freiheitsgrade der Zuordnungs- und Anpassungsaufgaben abbilden.

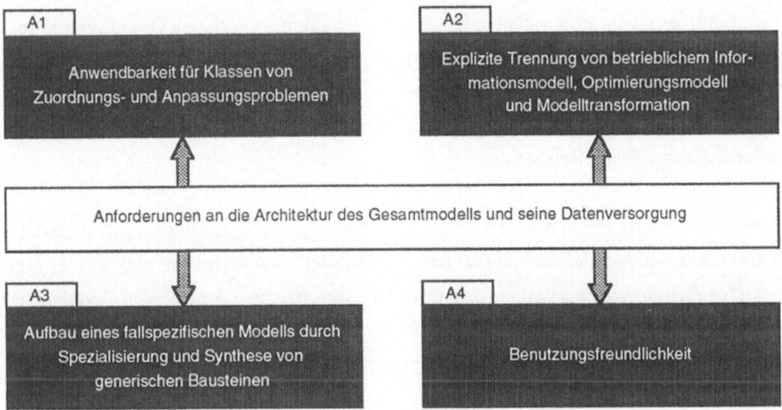

Bild 3-2: Anforderungen an die Architektur des Gesamtmodells und seine Datenversorgung

Um diese Freiheitsgrade zu identifizieren und zu klassifizieren, sind die in Kapitel 2.2 definierten anwendungsspezifischen Zuordnungs- und Anpassungsaufgaben zu untersuchen. Dabei muß der sachliche und zeitliche Geltungsbereich und der Differenzierungsgrad[198] der Betrachtung in zeitlicher, qualitativer und räumlich/organisatorischer Art fallspezifisch wählbar sein. Bei der Zuordnung von Aufträgen zu Leistungseinheiten oder

---

[197] Siehe Hanssmann (1993) S. 76f.

[198] Siehe Kossbiel (1988) S. 1035f.

Maschinen ist zu unterscheiden, ob diese ganz oder gesplittet, d.h. anteilig[199] erfolgen soll. Bei der Personaleinsatzplanung müssen sowohl Arbeitskräftegruppen[200] einer bestimmten Qualifikation, als auch Individuen betrachtet werden können. Dementsprechend muß die Anzahl der zuzuordnenden Mitarbeiter oder die individuelle[201] Zuordnung jedes einzelnen Mitarbeiters ermittelt werden. Bei Mehrmaschinenbedienung oder wenn eine Maschine oder Anlage gleichzeitig von mehreren Mitarbeitern bedient werden muß, sind mehrdeutige[202] Zuordnungen notwendig. Entsprechendes gilt für den Werkzeugeinsatz. Zur Abbildung der Anpassungsaufgabe genügt es, Variablen mit einem Mindest- und einem Maximalwert der Verfügbarkeit der Ressource pro Periode zu definieren.

Um die Flexibilitätspotentiale hinsichtlich Personaleinsatzort und -zeit auszuschöpfen, ist gemäß Kapitel 2 die Optimierungsaufgabe ressourcen- und periodenübergreifend aufzufassen, d.h. es ist ein Zeitsystem aus mehreren diskreten[203] Perioden zu definieren. Insbesondere ist die Wechselwirkung der Zustände zwischen verschiedenen Perioden zu betrachten, vor allem um Personalversetzungskosten sowie summarische Betrachtungen aufgrund von Arbeitszeitmodellen abbilden zu können. Auch Rüstwechsel erfordern eine periodenübergreifende Betrachtung.

Aus den Zielen der Problemmodellierung zur Optimalplanung ergibt sich sofort, daß das Optimierungsmodell gleichzeitig mehrere[204] Zielfunktionen umfassen muß. Die Angabe mehrerer Zielfunktionen gestattet „eine flexiblere und gezieltere Angabe von Optimalitätsanforderungen als beispielsweise Verfahren des Operations Research, bei denen alle Kriterien in einer einzigen Kostenfunktion repräsentiert werden müssen"[205]. Damit wird die

---

[199] Mittels einer stetigen Zuordnungsvariablen (siehe Varga (1991) S. 79 und ILOG (1994) S. 1).

[200] Dies wird als „expliziter Ansatz" bezeichnet (siehe Kossbiel (1992) S. 1661). Siehe auch Kossbiel (1988) S. 1045.

[201] Siehe Hillier (1980) S. 151-153. Kossbiel (1992) S. 1662 bezeichnet dies als „klassisches Personalzuordnungsproblem (personnel assignment problem)".

[202] Siehe Gavish (1991) S. 695: „(...) that permits assignment of multiple tasks to an agent subject to the availability of a set of multiple resources consumed by that agent." Für eine Übersicht der in der Literatur behandelten Problemtypen siehe a.a.O. S. 695 ff.

[203] Die in dieser Arbeit nicht untersuchte Scheduling-Aufgabe erfordert dagegen ein sehr feines (quasi-) kontinuierliches Zeitsystem auf Minutenbasis.

[204] „Notwendig ist die Unterstützung der Entscheidungsprozesse zur Erfüllung der Kundenaufträge bzgl. mehrerer Zielfunktionen" (siehe Degen (1997) S. 14). Degen nennt die Dimensionen Qualität, Menge, Termin und Preis.

[205] Siehe Baumgärtl (1997) S. 61. Als „Constraint" wird „die Repräsentation von Wissen in mathematischen Formalismen, z.B. als lineare Gleichung" bezeichnet (siehe a.a.O. S. 61). Constraintverfahren werden auch zur Suche nach alternativen Lösungen i.S.v. Bild 2.3-2 eingesetzt, wobei auch laufend neue

klassische, aber oft als unnatürlich empfundene Unterscheidung von Nebenbedingungen und einer Zielfunktionen aufgehoben.

In der Praxis steht bei der Lösung von Optimierungsproblemen weniger die im mathematischen Sinne optimale Lösung im Vordergrund als das Finden und der Vergleich mindestens einer oder mehrerer guter Lösungen im Sinne einer Entscheidungsunterstützung. Dies ist zum einen darin begründet, daß ein Optimierungsproblem in der Regel nicht vollkommen exakt abgebildet werden kann und dies aus Aufwandsgründen auch nicht sinnvoll wäre, und zum zweiten in der Sensitivität der Lösung: eine schnell[206] gefundene gute und nur suboptimale[207] Lösung ist nutzbringender als eine nach langer Rechenzeit erzeugte optimale Lösung. Daher soll es das Optimierungsmodell gestatten, die Optimierungsaufgabe nicht nur als Suche nach der optimalen Lösung zu stellen, sondern darüber hinaus auch als Suche nach den Lösungen, die ein gewisses Anspruchs- oder Akzeptanzniveau[208] erfüllen.

Aus diesem Grund ist es erforderlich, den Wert, den eine Zielfunktion annimmt, zu unterscheiden vom Nutzen[209], den der Entscheider diesem Zielwert beimißt. Klassische Randbedingungen und Zielfunktionen sollen als Spezialfall erhalten bleiben. Damit stellt sich also die Anforderung, mehrere Zielfunktionen mit expliziten Nutzenfunktionen und Anspruchniveaus abzubilden. Durch die Zielfunktionen müssen die Optimierungsziele der Kapazitätsabstimmung, d.h. gemäß Bild 2.3-3 Zeit-, Kosten- und Qualitätsziele, abgebildet werden können, speziell minimale Kapazitätsunter- und -überdeckung, minimale Kosten und maximale Eignung und Neigung[210] beim Einsatz von Mitarbeitern.

Die speziellen Anforderungen an das eigentliche Optimierungsmodell sind in Bild 3.1-1 zusammengefaßt.

Constraints eingefügt werden können, deren „Auswirkungen durch das Netz der Constraints propagiert werden".

[206] Siehe Geske (1997) S. 40. Die Sensitivität einer Lösung beschreibt, wie sich die Lösung verändert, wenn sich Ausgangsgrößen verändern (siehe Rockafellar (1970) S. 263ff). Die Praxis fordert stabile Lösungen, d.h. solche, die sich nur geringfügig oder lokal verändern, wenn sich die Ausgangsgrößen geringfügig ändern. Eine Sensitivitätsanalyse soll fortführenden Arbeiten vorbehalten werden.

[207] Siehe DIN 19236 S. 3.

[208] Dies hat zugleich den Nebeneffekt, daß Heuristiken zur Lösungsfindung eingesetzt werden können. Heuristiken liefern zulässige oder „gute" Lösungen, wenn eine optimale Lösung nicht oder nur mit unvertretbar hohem Aufwand gefunden werden kann (siehe Gavish (1991) S. 701).

[209] DIN 19236 S. 4 spricht von „Gütekriterien".

[210] Siehe Braun (1994) S. 101ff.

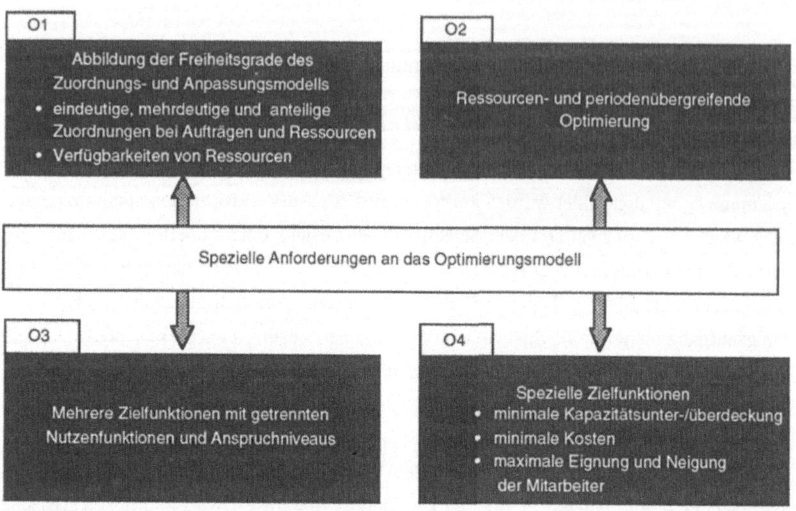

Bild 3.1-1:   Spezielle Anforderungen an das Optimierungsmodell

3.2   Anforderungen an das betriebliche Informationsmodell

Das betriebliche Informationsmodell dient als Datenversorgungsinstrument für das Optimierungsmodell (siehe Bild 2.3-4) und hat entsprechend große Bedeutung: „Voraussetzung zur Erzielung guter Ergebnisse ist die Versorgung der notwendigen Modell- und Eingabedaten mit realitätsnahen Werten."[211] Zur Beschreibung der Zuordnungsaufgabe sind dies neben den zuzuordnenden Aufträgen und Ressourcen (siehe Kapitel 2.2) Parameter für die Zuordnung von Aufträgen zu Ressourcen hinsichtlich Kosten, Zeit und Qualität[212], speziell ressourcenabhängige Bearbeitungs- und Rüstzeiten und -kosten sowie die Prozeßfähigkeit der Ressource zur Bearbeitung eines Artikels, z.B. eines Teils. Diese Parameter müssen dabei zeitabhängig darstellbar sein, denn „(...) Stammdaten im eigentlichen Sinne wird es in Zukunft immer weniger geben, denn mit Hilfe adaptiver Pa-

---

[211] Siehe Nolting (1990) S. 625.

[212] Siehe Sonderforschungsbereich (1996) S. 445 und Nolting (1990) S. 625ff.

rameter wird es sehr viel besser gelingen, die sich wandelnden Produktionsaufgaben effektiv und effizient zu unterstützen"[213]. Diese Parameter sind außerdem für alternative Betriebsmittel und Leistungseinheiten vorzuhalten, denn dies ist „(...) Voraussetzung für eine verbesserte Auftragsfeinplanung, bei der (...) Kapazitätsengpässe (...) zu berücksichtigen sind"[214] und damit auch für eine optimierte Kapazitätsabstimmung.

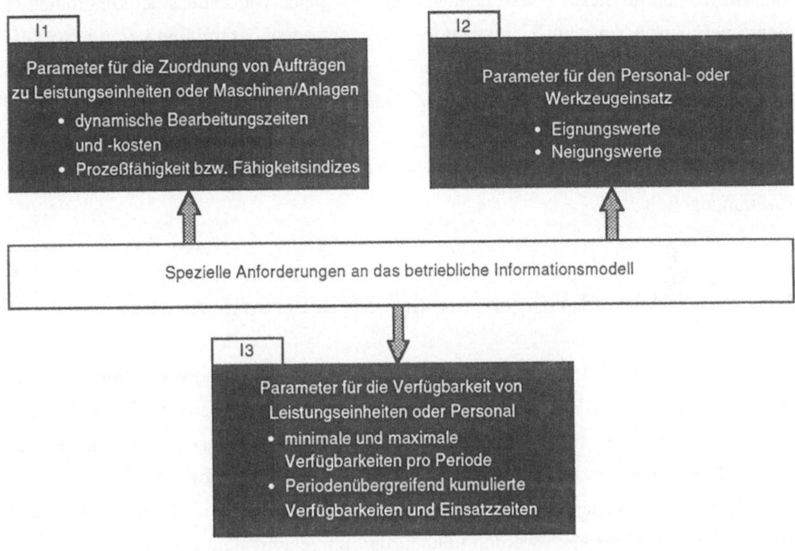

Bild 3.2-1:   Spezielle Anforderungen an das betriebliche Informationsmodell

Zur Beschreibung der zweiten Zuordnungsaufgabe im Rahmen der Personal- bzw. Werkzeugeinsatzplanung (siehe Kapitel 2.2) sind vom betrieblichen Informationssystem ebenfalls die notwendigen Parameter zu liefern. Gemäß Bild 2.3-3 sind dies Werte für die Eignung[215] von Mitarbeitern für Arbeitsplätze bzw. Betriebsmittel, die Einsetzbarkeit von Werkzeugen für Maschinen sowie für die Neigung, d.h. die persönlichen Präferenzen

---

[213] Siehe Westkämper (1997a) S. 21. Unter Stammdaten werden auftragsunabhängige Daten verstanden (siehe Schönsleben (1998) S. 141).

[214] Siehe Nolting (1990) S. 625. Kann ein Auftrag von nur einem Betriebsmittel bearbeitet werden, ist die Zuordnungsaufgabe trivial.

[215] Zur Definition der Eignung von Mitarbeitern als Funktion der Anforderungen an eine bestimmte Tätigkeit und der Fähigkeiten des Mitarbeiters sowie der Neigung von Mitarbeitern, einen bestimmten Arbeitsplatz einzunehmen, siehe Kossbiel (1988) S. 1031ff und 1046ff sowie Kossbiel (1992) S. 1656ff.

von Mitarbeitern für Arbeitsplätze bzw. Betriebsmittel. Zur Informationsversorgung des Optimierungsmodells der Anpassungsaufgabe sind Parameter zur Darstellung der Verfügbarkeit von Ressourcen, speziell des Personals, notwendig. Periodenbezogen sind dies die minimale und maximale Verfügbarkeit jeder Ressource pro Periode[216]. Um auch periodenübergreifende Wechselwirkungen abbilden zu können, vor allem Restriktionen hinsichtlich kumulierter Arbeitszeiten, wie dem Ausgleich von Jahresarbeitszeitkonten in einem definierten Zeitraum[217], ist es notwendig, periodenübergreifend kumulierte Verfügbarkeiten und Einssatzzeiten von Mitarbeitern sowie Standzeiten von Betriebsmitteln bereitzustellen.

Die speziellen Anforderungen an das betriebliche Informationsmodell sind in Bild 3.2-1 zusammengefaßt.

3.3   Anforderungen an die Modelltransformation

Gemäß der in Bild 2.3-4 definierten Architektur dient die Modelltransformation dazu, das hinsichtlich der Kapazitätsabstimmung relevante Teilmodell des betrieblichen Informationssystems mit dem mathematischen Optimierungsmodell im Sinne einer logisch-semantischen Transformation zu verknüpfen. Diese Modelltransformation schafft die Voraussetzung dafür, daß Daten des betrieblichen Informationssystems in Daten für das Optimierungsmodell übertragen werden können und umgekehrt. Die Struktur der Modelltransformation ergibt sich daher aus der Struktur des Optimierungsmodells. Aufgrund des Ziels der aufwandsarmen Modellierung und der damit unabdingbaren Mehrfachverwendung des generischen Optimierungsmodells zur Definition unterschiedlicher anwendungsspezifischer Optimierungsmodelle ist es notwendig, eine freie Zuweisung von Zuordnungsvariablen zu den relevanten Objekten des betrieblichen Informationsmodells definieren zu können. Damit kann anwendungsspezifisch festgelegt werden, welche Aufträge oder Ressourcen in der Zuordnungsaufgabe betrachtet werden sollen. Dies geht über die bloße Erweiterung einer Liste von zuzuordnenden Objekten wie Aufträgen oder Mitarbeitern hinaus. Vielmehr muß es möglich sein, festzulegen, welche Mengen von Objekten[218] überhaupt betrachtet werden, d.h. eine Menge von Aufträgen oder Mengen von Leistungseinheiten, Maschinen oder Mitarbeitern. Damit kann festgelegt werden, welche

---

[216] D.h. das „Reaktionsvolumen" (siehe Schneeweiß (1992b) S. 19). Siehe auch ILOG (1994) S. 8.

[217] Siehe Schneeweiß (1992b) S. 21 und Bullinger (1990) S. 57.

[218] Siehe Kossbiel (1988) S. 1035f.

Zuordnungsaufgabe modelliert werden soll, d.h. die Zuordnung von Aufträgen zu Ressourcen oder der Ressourceneinsatz (siehe Kap. 2.2). Analog muß eine freie Zuweisung von Anpassungsvariablen zu Ressourcen des betrieblichen Informationsmodells und deren Verfügbarkeiten gefordert werden.

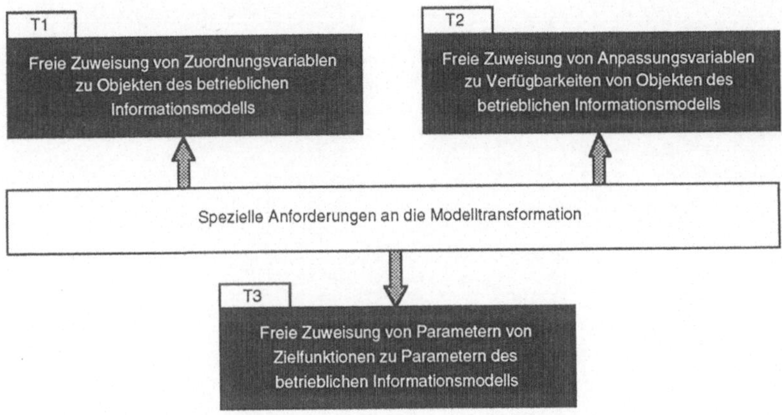

Bild 3.3-1:   Spezielle Anforderungen an die Modelltransformation

In den Zielfunktionen des Optimierungsmodells sind Parameter enthalten, die innerhalb der Optimierungsaufgabe im Gegensatz zu den Variablen feste, nicht veränderbare Werte darstellen. Da diese im betrieblichen Informationsmodell enthalten sein müssen (siehe Kapitel 3.2), ist es möglich und aus Aufwandsgründen auch sinnvoll, diese Werte in das Optimierungsmodell zu übernehmen. Dazu ist es notwendig, eine freie Zuweisung von Parametern der Zielfunktionen zu Größen des betrieblichen Informationsmodells durchführen zu können. Speziell ist das Ziel der Kapazitätsabstimmung, Kapazitätsunterdeckungen und -überdeckungen zu minimieren (siehe Kapitel 2.3.3), in den Zielfunktionen abzubilden. Bei jeder Zielfunktion ist anzugeben, für welche Ressourcen die Kapazitätsunterdeckungen und -überdeckungen betrachtet werden sollen. Falls diese Ressourcen komplexe[219] Leistungseinheiten darstellen, ist es notwendig, darstellen zu können, aus welchen Betriebsmitteln oder Mitarbeitern diese zusammengesetzt sind, um so deren Kapazitätsangebot aggregieren zu können. Wenn der Kapazitätsbedarf einer Leistungseinheit bekannt ist und die Kapazitätsabstimmung für eine Komponente dieser Leistungseinheit

---

[219] Ressourcen können mit unterschiedlichem Aggregationsgrad betrachtet werden. Unter einer komplexen Ressource soll hier eine Ressource verstanden werden, die aus anderen Ressourcen zusammengesetzt ist, beispielsweise eine Leistungseinheit.

durchgeführt werden soll, muß analog definiert werden können, wie der bekannte Kapazitätsbedarf auf die Komponente differenziert werden soll.

Die speziellen Anforderungen an die Modelltransformation sind in Bild 3.3-1 zusammengefaßt.

4   Stand der Technik

Der Stand der Technik muß Forschung und Praxis gleichermaßen einbeziehen. Die in dieser Arbeit betrachtete Aufgabenstellung, ein generisches Optimierungsmodell für Zuordnungs- und Anpassungsaufgaben im Rahmen der Kapazitätsabstimmung zu entwickeln und dieses mittels einer Modelltransformation mit Daten aus einem betrieblichen Informationssystem zu versorgen (siehe Kapitel 2.3.4), impliziert eine Betrachtung aus zwei unterschiedlichen Perspektiven: In Kapitel 4.1 wird untersucht, welche Modelle im Rahmen des Operations Research zur Lösung der o.g. Aufgaben entwickelt wurden, während in Kapitel 4.2 die Anwendung von Optimierungsmodellen und -verfahren in betrieblichen Informationssystemen im Mittelpunkt steht.

4.1   Optimierungsmodelle des Operations Research

4.1.1   Optimierungsmodelle in der Literatur

Die Literatur über Modelle und Verfahren in der Produktionsplanung, speziell auch solche mit dem Ziel einer Optimalplanung, ist überaus umfangreich[220]. „Betrachtet man den heutigen Stand, so fällt die Diskrepanz auf zwischen der Fülle von Methoden und Verfahren, die die OR-Forschung innerhalb der Betriebswirtschaftslehre und Mathematik hervorgebracht hat, und deren recht bescheidener Verbreitung in der Praxis."[221] Dennoch „treten in dem immer breiter werdenden Spektrum von OR-Verfahren für die Produktionsplanung auch bedeutende praxisorientierte Ansätze auf, die auf eine Überwindung von methodischen Mängeln in der derzeitigen Planungspraxis abzielen"[222]. FLEISCHMANN gliedert diese in Verfahren für die mittelfristige Planung (Produktionsprogrammplanung) mit dem Schwerpunkt der zeitlichen Verteilung der Produktion und der Kapazitätsabstimmung, die Losgrößenplanung[223] und die kurzfristige Ablaufsteuerung.

---

[220] Eine Übersicht findet sich in Fleischmann (1988) S. 347 ff. Siehe auch Varga (1991) S. 70.

[221] Siehe Fleischmann (1988) S. 347.

[222] Siehe Fleischmann (1988) S. 347 und S. 353. Fleischmann führt aus, daß Konzepte wie „JIT, BOA oder CIM kein Ersatz für Planungsmethoden im eigentlichen Sinn, sondern durch solche zu ergänzen sind". Insbesondere „bildet CIM nur den DV-technischen Rahmen für Planungsmethoden".

[223] Siehe Afentakis (1986) S. 237ff für eine Übersicht zu den Verfahren.

Die Kapazitätsabstimmungsaufgabe stellt sich zu einem geringeren Grade auch in der Produktionsprogrammplanung. Für diese sind Verfahren der linearen Programmierung (LP) am besten geeignet[224]. „Das übliche Grundmodell[225] umfaßt N Produkte, M Kapazitätsarten und T Perioden und minimiert Kosten für Zusatzkapazitäten sowie variable Produktionskosten. Die Entscheidungsgrößen sind die Produktionsmengen jedes Produktes in jeder Periode, der Lagerbestand am Ende der Periode und die pro Periode einzusetzenden Zusatzkapazitäten."[226] Damit werden die in dieser Arbeit geforderten Freiheitsgrade der Zuordnung von Bedarfen zu Ressourcen, d.h. hier Kapazitäten, sowie der Verfügbarkeit abgebildet, während die (i.d.R. nur eine) Zielfunktion einseitig auf die Dimension Kosten reduziert wird. Modelle der linearen Programmierung für die Produktionsprogrammplanung werden vor allem bei Betrieben mit Massenproduktion eingesetzt, während bei den in dieser Arbeit betrachteten Unternehmen mit variantenreicher Serienproduktion die Modellgröße zu Rechenzeitproblemen führt. Diese Probleme können einerseits durch methodische Ansätze zur Reduzierung der Modellgröße (Dekomposition z.B. nach Dantzig-Wolfe[227], Aggregation sowie durch „trickreiche" Modellformulierungen[228]) verringert werden, andererseits steht inzwischen leistungsfähige Soft- und Hardware zur Verfügung, so daß selbst Modelle mit mehreren 100.000[229] Variablen rechenbar werden. Das Rechenzeitproblem besteht aber - wenn auch in stark verringertem Maße - im Prinzip weiter[230]. Zusammenfassend kann gesagt werden, daß für die Produktionsprogrammplanung vielgestaltige Modelle und Verfahren zur Verfügung stehen, die Arbeiten des Operations Research sich aber aufgrund von Rechenzeitproblemen auf Aspekte des Lösungsverfahrens konzentriert haben, weniger auf eine problemorientierte und effiziente Modellierung.

---

[224] Siehe Fleischmann (1988) S. 353 und Mertens (1992) S. 38.

[225] Dieses wird fallspezifisch erweitert, beispielsweise durch Linearisierung von nichtlinearen Restriktionen und die Einbeziehung mehrerer Werke (siehe Fleischmann (1988) S. 354).

[226] Siehe Fleischmann (1988) S. 354.

[227] Siehe Rockafellar (1970) S. 285 ff.

[228] Siehe beispielsweise Duran (1987) S. 207 ff.

[229] Siehe Mertens (1992) S. 38.

[230] Der Grund besteht darin, daß die meisten ganzzahligen linearen Optimierungsprobleme „NP-complete" sind, d.h. der Lösungsaufwand hängt nicht polynomisch sondern exponentiell von der Problemgröße ab (Gavish (1991) S. 701). Der Einsatz von constraintbasierten Methoden vermindert das Problem der Rechenzeit drastisch. Geske (siehe Geske (1997) S. 40) löst ein Scheduling Problem mit 10 Aufträgen zu je 10 Arbeitsgängen für 10 Maschinen innerhalb von Sekunden, indem er eine suboptimale Lösung erzeugt, die allerdings nur 5% vom Optimum abweicht.

In der Ablaufsteuerung, d.h. der kurzfristigen Planung und Steuerung von Kapazitätsabstimmung, Ressourceneinsatz und -belegung, ordnet FLEISCHMANN[231] den Stand der Forschung und Technik nach Arbeiten zum Scheduling und zur Maschinenbelegung: Beim Scheduling-Problem wird für Aufträge fester Größe die Zuordnung zu Maschinen und deren Reihenfolge, d.h. deren Beginn- und Endzeitpunkte, betrachtet. Die Verfügbarkeit der Maschinen ist kein Freiheitsgrad[232]. Arbeiten zu den Scheduling-Problemen[233] sind geprägt durch die Konzentration auf eine Detail- und Genauplanung sowohl hinsichtlich der Ressourcen als auch des zeitlichen Aspekts[234]. Genau diese Konzentration determiniert die Probleme bei der Modellierung und der Lösungssuche: Hoher Aufwand bei der Datenversorgung, lange Rechenzeiten und nicht realitätsnahe Planungsergebnisse. „Die Scheduling-Theorie ist stark von der Komplexitätstheorie geprägt. Sie befaßt sich vor allem mit der (verfahrensorientierten, A.d.V.) Klassifizierung[235] der Probleme, deren Komplexität und der Entwicklung polynomialer Algorithmen für eng begrenzte Spezialfälle."[236] Da meist auf Branch and Bound-Ansätzen basierende exakte Algorithmen bereits bei relativ kleinen[237] Problemen hinsichtlich der Rechenzeit an ihre Grenzen stoßen, wurden teils erfolgreiche Heuristiken entwickelt, wobei drei Klassen[238] unterschieden werden können: Algorithmen mit lokaler Suche (wie z.B. Simulated Annealing[239] oder Taboo Search), Algorithmen, die Teilprobleme lösen und die Lösungen kombinieren (z.B. Shifting Bottleneck Procedure), oder reine Prioritätsregeln. „Prioritätsregeln zur Zuordnung von Aufträgen bzw. Arbeitsgängen zu Maschinen und zur Optimierung der Reihenfolge sind seit Jahrzehnten ein beliebter Forschungsgegenstand."[240]

---

[231] Siehe Fleischmann (1988) S. 360 f.

[232] Man spricht von „finite loading" (siehe Vollmann (1991) S. 123 und Karmarkar (1993) S. 316).

[233] Hitomi (1994) S. 1ff verweist unter anderem auf klassische Arbeiten von Johnson (1954) S. 61-68, Petrov (1968), Akers (1955) S. 429-442, Ham (1985) S. 93-152 und Baudin (1990) S. 8-15 und 177ff.

[234] Im Gegensatz dazu wird in der vorgelegten Arbeit der weniger detaillierte Ansatz der Zuordnung von Aufträgen zu Leistungseinheiten und der periodenorientierten, d.h. nicht zeitpunktgenauen, Planung verfolgt.

[235] Drei Haupttypen von Scheduling Problemen werden hauptsächlich betrachtet: Flow-shop, Job-Shop und Open-Shop (siehe Dauzère-Péres (1994) S. 9, siehe auch Klassifikation in Lawler (1993) S. 445ff).

[236] Siehe Fleischmann (1988) S. 360. „In fact, scheduling problems are almost always NP-complete which means there exist no known polynomially bound algorithms for solving them optimally", siehe ILOG (1994) S. 4.

[237] Es gibt klassische Beispiele mit 10 Aufträgen für 10 Maschinen (siehe Dauzère-Péres (1994) S. 40).

[238] Siehe Dauzère-Péres (1994) S. 9. Vor allem constraintbasierte Methoden sind sehr performant (siehe Geske (1997) S. 38).

[239] Für ein großes Anwendungsbeispiel zur Reihenfolgeplanung siehe Scherer (1994) S. 1ff.

Arbeiten konzentrieren sich meist darauf, die Effekte verschiedener Prioritätsregeln mittels Simulation zu ermitteln und so fallspezifisch „beste[241]" Prioritätsregeln zu finden. Diese Prioritätsregeln sind höchstens für das Finden einer (zulässigen) Lösung geeignet, sie erfüllen aber naturgemäß die Anforderungen an ein Modell zur Optimalplanung nicht, ebensowenig wie die entwickelten Scheduling-Verfahren, die stark verfahrensorientiert - und nicht, wie gefordert, problemorientiert - sind und die darüber hinaus die Probleme zu detailliert fassen.

„Modelle der Maschinenbelegung umfassen zusätzlich zur Betriebsmittelzuordnung und Reihenfolgeplanung die Festlegung der Losgrößen"[242], sind also im Spezialfall Zuordnungsprobleme im Sinne der Definition von Kapitel 2.2, wenn man die Festlegung der Losgrößen als anteilige Zuordnung von Aufträgen zu Ressourcen interpretiert. Aufgrund des zusätzlichen Freiheitsgrads der Losgröße werden Verfahren nur für Spezialfälle mit sehr wenigen Produkten (Aufträgen) und Maschinen vorgeschlagen. Lösungen werden in der Regel heuristisch, teilweise auch mit genetischen Algorithmen erzeugt[243]. Modelle der Maschinenbelegung erfüllen wegen der geringen Anzahl an betrachtbaren Produkten daher die Anforderungen an eine Optimalplanung für die variantenreiche Serienproduktion nicht.

Für reine Zuordnungsprobleme wurden - auch vor dem Hintergrund, daß es keinen performanten Algorithmus für alle Zuordnungsprobleme gibt - viele Spezial-Heuristiken entwickelt, die auf „greedy algorithms[244]" basieren. Diese liefern auch in der Praxis gute Ergebnisse, insbesondere dann, wenn das Zuordnungsproblem spezielle Eigenschaften[245] aufweist, die sich bei der Lösungssuche als förderlich erweisen. Diese Eigenschaften sind allerdings nicht problemabhängig, sondern formal-mathematischer Natur. Die

---

[240] Siehe Fleischmann (1988) S. 360. Er verweist auf Biggs (1985) S. 33-46, Blackston (1982) S. 27-45 und Montazeri (1986).

[241] Siehe Bock (1990) S. 387ff und Günther (1994) S. 230.

[242] Siehe Fleischmann (1988) S. 360.

[243] Siehe Warnecke (1986) S. 80ff, Zimmermann (1984) S. 185ff und Pressmar (1987) S. 137 ff. Eine Übersicht der Anwendung von genetischen Algorithmen findet sich in Schulte (1995) S. 38.

[244] „Greedy algorithms" streben nach optimaler Verbesserung in einer lokalen Umgebung (siehe Faigle (1994) S. 181). Eine Übersicht findet sich a.a.O. S. 181-188. Die „Nord-West-Ecken-Regel" ist ein bekanntes Beispiel dafür.

[245] „Development of an efficient solution method for the problem requires a carefully designed (...) algorithm which exploits the special structure of the problem" (Gavish (1991) S. 696).

Arbeiten[246] konzentrieren sich darauf, effiziente Lösungsalgorithmen und formal-mathematische Bedingungen für deren Konvergenz zu finden. Einige Ansätze nutzen geeignete Relaxationen[247], eine Reduzierung der Problemgröße, Heuristiken und Branch and Bound Verfahren.

VARGA[248] führt an, daß es zur Modellierung von Entscheidungsproblemen eine umfangreiche Fachliteratur in internationalen und nationalen Fachzeitschriften gibt. Er kritisiert zu Recht, daß „in diesem umfangreichen Schrifttum viele Parallelitäten enthalten"[249] sind. Um die Entwicklung von Fertigkeiten zur Modellierung zu erhöhen, definiert er „Standardmodelle" für bestimmte Problemtypen, unter anderem für das (Maschinen-) Belegungsproblem (stetiges Zuordnungsproblem), das Problem der Technologieauswahl (ganzzahliges Zuordnungsproblem) und das Produktionsproblem[250]. Wie fast alle anderen Autoren erfüllt auch er die Anforderung nach mehreren Zielfunktionen[251] nicht. VARGA generiert aus den Standardmodellen fallspezifisch Beispiele für konkrete Probleme. Er legt den Schwerpunkt seiner Arbeit auf die Modellierung und unterstützt diese durch die Zurverfügungstellung der Standardmodelle. Er geht aber in seiner Standardisierung nicht weit genug, da er ganze Probleme betrachtet, nicht aber einzelne Variablen oder Zielfunktionen der Probleme. Sein Konzept weist also nicht die geforderten feingranularen Bausteine auf.

Zusammenfassend kann gesagt werde, „daß das Operations Research in den letzten Jahren eine ganze Reihe von neuen Planungsverfahren für verschiedene Teilprobleme der mittel- bis kurzfristigen Produktionsplanung hervorgebracht hat. Diese Verfahren werden auch verstärkt in der Praxis eingesetzt, sie reichen aber ... nicht aus."[252] Effiziente Heu-

---

[246] Eine Übersicht findet sich in Gavish (1991) S. 695 ff.

[247] Beispielsweise werden Nebenbedingungen durch Lagrange-Multiplikatoren gewichtet, zu der Zielfunktion addiert und so für die Differentialrechnung zugänglich gemacht (siehe Gavish (1991) S. 697).

[248] Siehe Varga (1991) S. 70ff.

[249] Siehe Varga (1991) S. 70.

[250] Siehe Varga (1991) S. 78 ff (Belegungsproblem), S. 102 (Technologieauswahl) sowie S. 117ff (Produktionsproblem).

[251] Typische Modelle gehen von einer Zielfunktion und n Nebenbedingungen aus. Unter dem Einsatz von „fuzzy mathematical programming" können die Zielfunktion und die n Nebenbedingungen in (n+1) Zielfunktionen umgewandelt werden, so daß die o.g. Anforderung auch durch Umwandlung der Standardmodelle erfüllt wird. Zur Vorgehensweise bei der Umwandlung siehe Weber (1990) S. 183 und Dubois (1994) S. 166-187.

[252] Siehe Fleischmann (1988) S. 365f.

ristiken zur Lösungsfindung (Alternativensuche) sind vorhanden[253] bzw. können fallspezifisch entwickelt werden. Die Problemmodellierung im engeren Sinne wird noch nicht genügend[254], d.h. im Sinne der in dieser Arbeit definierten Anforderungen, unterstützt.

4.1.2   Dezidierte Softwaresysteme zur Optimalplanung

Um die im Rahmen des Operations Research entwickelten Verfahren zur Optimalplanung anwenden zu können, sind elektronische Hilfsmittel und Software unerläßlich. Neben problemspezifischen Individualprogrammen sind Standard Softwaresysteme unterschiedlicher Art und Leistungsfähigkeit verfügbar. Einfachste Systeme sind schon in verbreiteten Tabellenkalkulationssystemen wie „Microsoft-Excel" integriert. Dort steht die Funktion „Excel-Solver" zur Verfügung. Mit dieser ist es möglich, Optimierungsprobleme mit einer[255] Zielfunktion und mehreren Nebenbedingungen zu lösen. Excel-Solver ist benutzerfreundlich, eignet sich allerdings nur für kleinere Probleme. Eine Anbindung an betriebliche Informationssysteme ist möglich. Excel-Solver wurde mit gutem Erfolg in einem Labortest für ein an einer Universität entwickeltes PPS-System[256] im Rahmen der Produktionsprogrammplanung angewendet. Zur Erhöhung der Leistungsfähigkeit hinsichtlich Modellgröße und Rechengeschwindigkeit können sogenannte „Tabellenkalkulationslöser[257]" als „Add-in"-Programme in die Tabellenkalkulation integriert werden. Zur Problemmodellierung werden dort die üblichen Funktionen zur Manipulation der Zellen eines Datenblatts verwendet.

Leistungsfähigere Standard-Softwaresysteme arbeiten unabhängig von einem Tabellenkalkulationssystem und bestehen i.d.R. aus einem „Modellierungsmodul, mit dessen Hilfe das Optimierungsproblem modelliert werden kann, und einem Optimierungsmodul

---

[253] „For the acceptance of the use of mathematical methods it is also important that these procedures are computationally efficient. For integer programming (...) new heuristic approaches have been developed in the recent past. They have shown very promising results" (siehe Weber (1990) S. 186).

[254] „Der Hochschullehrer, der (...) eine problemorientierte Methodik der Systemforschung bieten will, wird Schwierigkeiten haben, geeignete Lehrbuchliteratur zu finden. Der Autor ist zu dem Ergebnis gelangt, daß im deutschsprachigen Raum kein derartiges Buch existiert" (siehe Hanssmann (1993) S. 7).

[255] Durch geeignete geschickte Problemformulierungen sind auch Probleme mit mehreren Zielfunktionen lösbar. Dies ist aber nicht typisch und wird nicht unterstützt.

[256] Siehe Möhle (1996) S. 49.

[257] Beispiel dafür ist das System „What's Best!" der Firma ADDITIVE (siehe Additive (1995) S. 1ff).

zur Lösung des Problems"[258]. Die Softwaresysteme sind verfahrensorientiert aufgebaut und eignen sich daher jeweils für eine bestimmte Problemklasse, etwa für die lineare, ganzzahlige oder quadratische Planungsrechnung. Die Modellierung erfolgt entweder in der „normalen mathematischen Schreibweise[259]" oder mittels einer „FORTRAN-ähnlichen Kommandosprache"[260]. Damit erfüllen diese Systeme die Anforderung der Anwendbarkeit für bestimmte Problemklassen, der Trennung[261] von Optimierungsmodell und betrieblichem Informationsmodell und erlauben auch den Aufbau eines Modells aus Bausteinen (siehe Kapitel 3.1). Diese Systeme unterstützen allerdings nicht eine problemorientierte Modellierung[262] von Zuordnungs- und Anpassungsaufgaben im Rahmen der Kapazitätsabstimmung, da keine aufgabenspezifisch vordefinierten Konstrukte zur aufwandsarmen und aufgabenorientierten Modellierung zur Verfügung gestellt werden. Damit können die genannten Systeme lediglich dazu dienen, Optimierungsmodelle, die mit den im Rahmen dieser Arbeit entwickelten Konstrukten erzeugt worden sind, zu übernehmen und eine optimale Lösung zu errechnen[263].

Um den Aufwand zur Entwicklung von unternehmensindividuellen Softwaresystemen zur Lösung von Scheduling-Problemen, zur Ressourceneinsatzplanung und zur Reihenfolgeplanung zu reduzieren[264], wurden verschiedene vergleichbare Pakete zur Optimierung entwickelt, beispielsweise „ILOG′s optimization suite"[265]. Sie besteht aus objektorientierten Softwarekomponenten in Form von C^{++}-Klassenbibliotheken und ist als Werkzeug für den Softwareentwickler gedacht, d.h. im Sinne der vorgelegten Arbeit zu wenig benutzerfreundlich. ILOG nutzt einen constraint-basierten Ansatz, um schnell

---

[258] Siehe Braun (1994) S. 147. Beispiele dafür sind das Programm „XPRESS-MP" der Firma „Dash Associates Limited" mit dem Modulen „HP-Model" und „MP-OPT" (siehe Braun (1994) S. 147) und „LINGO" bzw. „LINDO" und „GINO" der Firma „ADDITIVE" (siehe Additive (1995) S. 1ff). Die Trennung in Modell und Optimierung, d.h. Lösungsfindung, entspricht der Architektur in Bild 2.3-2. Für eine Übersicht siehe auch Biederbick (1998) S. 158-162.

[259] Siehe Additive (1995) S. 1ff, Bell (1996) S. 1ff und AIMMS (1998) S. 1f.

[260] Siehe Additive (1995) S. 1ff und Fourer (1993) S. 5ff.

[261] Die Systeme sind offen und können Daten aus externen Dateien übernehmen sowie Lösungsdaten in externe Dateien schreiben (siehe Additive (1995) S. 1ff).

[262] Siehe Biederbick (1998) S. 159.

[263] Damit sind diese Systeme dem hier entwickelten Modell „nachzuschalten". In Kapitel 8 wird ein Anwendungsfall vorgestellt, bei dem das System XPRESS-MP zur Lösungsfindung benutzt wird.

[264] „ILOG SOLVER drastically reduces the number of lines of code required to develop applications (...)", siehe ILOG (1994) S. 1.

[265] Siehe ILOG (1996) S. 1ff. Diese Paket steht für eine ganze Klasse von C^{++}-Klassenbibliotheken zur Optimierung.

zulässige oder optimale Lösungen zu finden. Das Optimierungsmodell ist getrennt von den eigentlichen Optimierungsalgorithmen. Zielfunktionen und Nebenbedingungen sind jeweils eigene Objekte: Modelle können baukastenorientiert erstellt und geändert werden. Durch Relaxation können Nebenbedingungen ver- oder entschärft werden, was die Lösungsfindung beschleunigt[266]. Um den Aufwand für die Modellierung zu reduzieren, stellt ILOG vordefinierte, problemorientierte Bibliotheken zur Verfügung, speziell den ILOG-Planner für die Produktionsprogrammplanung und den ILOG-Scheduler[267] zur Abbildung von Scheduling-Problemen. Damit folgt ILOG der Idee der vorgelegten Arbeit, die Modellierung mittels vordefinierter Konstrukte zu vereinfachen. ILOG konzentriert sich allerdings auf Probleme mit beschränkter Kapazität[268]. Die Ergebnisse der vorgelegten Arbeit können daher als Ergänzung der ILOG-Werkzeuge angesehen werden, d.h. die in Kapitel 6 definierten Objekte könnten als ILOG-Bibliotheken realisiert werden.

Die Leistungsfähigkeit der Optimierungsmodelle der Literatur und der Softwaresysteme zur Optimalplanung ist im folgendem Bild 4.1-1 dargestellt: Beide sind zur Lösung von Zuordnungs- und Anpassungsaufgaben im Rahmen der Kapazitätsabstimmung geeignet. Sie unterstützen die Problemmodellierung zu wenig. In der Literatur wird vor allem die Algorithmik und Lösungsfindung diskutiert. Die Datenversorgung der Optimierungsmodelle aus betrieblichen Informationssystemen hat eine sehr untergeordnete Bedeutung.

---

[266] Dieser Ansatz ist verbreitet (siehe Geske (1997) S. 39ff).

[267] Siehe ILOG (1994) S. 5. Zu Anwendungsbeispielen siehe ILOG (1997).

[268] Siehe ILOG (1996) S. 1ff. Allerdings können flexible Schichtmodelle definiert werden (siehe ILOG (1994) S. 3).

<table>
<tr><td colspan="2" rowspan="2"><u>Legende</u>
–   keine Unterstützung möglich
O   Unterstützung möglich, aber nicht typisch
+   Unterstützung
++ starke Unterstützung
– / + unterschiedliche Unterstützung</td><td>Optimierungs-
modelle der
Literatur</td><td>Software-
systeme
zur Optimal-
planung</td></tr>
<tr></tr>
<tr><td rowspan="4">Architektur</td><td>Anwendbarkeit für Problemklassen</td><td>O</td><td>+</td></tr>
<tr><td>Trennung von Optimierungsmodell, betrieblichem Informationsmodell und Modelltransformation</td><td>–</td><td>+</td></tr>
<tr><td>Modellaufbau durch Synthese und Spezialisierung</td><td>–</td><td>+</td></tr>
<tr><td>Benutzerfreundlichkeit</td><td>entf.</td><td>O</td></tr>
<tr><td rowspan="4">Optimierung</td><td>Freiheitsgrade: Verfügbarkeit, Auftragszuordnung und Ressourceneinsatz</td><td>– / +</td><td>– / +</td></tr>
<tr><td>Perioden- und ressourcenübergreifende Optimierung</td><td>+</td><td>+</td></tr>
<tr><td>Mehrere Zielfunktionen mit Anspruchniveaus</td><td>O</td><td>O</td></tr>
<tr><td>Spezielle lineare Zielfunktionen</td><td>++</td><td>++</td></tr>
<tr><td rowspan="3">Betriebliches Informations-modell</td><td>Parameter für die Zuordnung von Aufträgen zu Ressourcen</td><td>O</td><td>O</td></tr>
<tr><td>Parameter für den Ressourceneinsatz</td><td>O</td><td>O</td></tr>
<tr><td>Parameter für die Verfügbarkeit von Ressourcen</td><td>O</td><td>O</td></tr>
<tr><td rowspan="3">Modell-transformation</td><td>Freie Zuweisung von Zuordnungsvariablen zu Objekten</td><td>–</td><td>+</td></tr>
<tr><td>Freie Zuweisung von Anpassungsvariablen zu Objekten</td><td>–</td><td>+</td></tr>
<tr><td>Freie Zuweisung von Parametern für Zielfunktionen</td><td>–</td><td>+</td></tr>
</table>

Bild 4.1-1:   Zusammenfassende Bewertung der Optimierungsmodelle des Operations Research hinsichtlich der Anforderungen der Kapazitätsabstimmung

4.2   Optimierungsmodelle in betrieblichen Informationssystemen

Zur Beurteilung des Stands der Technik ist weiter zu untersuchen, inwieweit Optimierungsmodelle für Zuordnungs- und Anpassungsaufgaben im Rahmen der Kapazitätsabstimmung als integrierter Bestandteil betrieblicher Informationssysteme eingesetzt werden. Da ein Optimierungsmodell nur durch die Anwendung eines Verfahrens zur Optimalplanung Nutzen bringt und ein Verfahren zur Optimalplanung nur auf Basis eines Optimierungsmodells realisierbar ist, kann hilfsweise auch der Einsatz von Verfahren zur Optimalplanung untersucht werden. Gemäß der in Kapitel 2.2 und Bild 3.1-1 aufgeführten Freiheitsgrade sind vor allem folgende betriebliche Informationssysteme und Freiheitsgrade zu untersuchen (Bild 4.2-1):

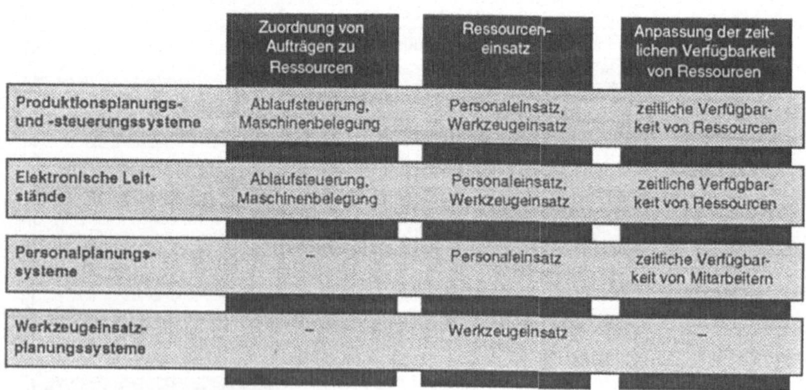

	Zuordnung von Aufträgen zu Ressourcen	Ressourceneinsatz	Anpassung der zeitlichen Verfügbarkeit von Ressourcen
Produktionsplanungs- und -steuerungssysteme	Ablaufsteuerung, Maschinenbelegung	Personaleinsatz, Werkzeugeinsatz	zeitliche Verfügbarkeit von Ressourcen
Elektronische Leitstände	Ablaufsteuerung, Maschinenbelegung	Personaleinsatz, Werkzeugeinsatz	zeitliche Verfügbarkeit von Ressourcen
Personalplanungssysteme	--	Personaleinsatz	zeitliche Verfügbarkeit von Mitarbeitern
Werkzeugeinsatzplanungssysteme	--	Werkzeugeinsatz	--

Bild 4.2-1:   Übersicht über zu untersuchende Systeme und ihren Beitrag zur Lösung von Zuordnungs- und Anpassungsaufgaben (siehe auch Bild 2.2-4)

4.2.1   Optimierungsmodelle in PPS-Systemen

Die Entwicklung der sogenannten PPS-Systeme erfolgte im wesentlichen aus dem Verfahren des Material Requirements Planning (MRP) der angelsächsischen Literatur [269].

---

[269] Siehe Fleischmann (1988) S. 349.

In jüngster Zeit wird das reine MRP-Verfahren durch das Konzept des MRP II[270] (Manufacturing Resources Planning) abgelöst. Mehrere hundert[271] verschiedene, im Sinne von Kapitel 3.1 benutzerfreundliche[272], PPS-Systeme[273] werden angeboten und kommen bei der überwiegenden Mehrheit der Industriebetriebe bereits zum Einsatz[274]. „Es ist zu beachten, daß die meisten der Rechenschritte Primärbedarfsplanung, Bedarfsplanung für Vorprodukte, Durchlaufterminierung, Kapazitätsplanung und Feinplanung keine Planung im engeren Sinne darstellen, d.h. keine Entscheidungen beinhalten, sondern nur der Informationsverarbeitung dienen."[275] Speziell sind die Freiheitsgrade der Kapazitätsanpassung (siehe Kapitel 2.2) zwar im System hinterlegt, aber in der Regel manuell durch den Benutzer einzustellen[276]. Die Zuordnung von Aufträgen zu Ressourcen kann durch zeitliches Verschieben, Ausweichen auf andere Ressourcen oder Fremdbezug/Lohnarbeit beeinflußt werden; die Anpassung des Kapazitätsangebots erfolgt durch das Verändern von Schichtzahlen, des Leistungsgrads und der Anzahl der Betriebsmittel. Es werden selten Lösungsvorschläge erzeugt; Optimierungsverfahren und damit auch Modelle zur Optimalplanung sind äußerst selten anzutreffen[277].

Damit wird auch keine Optimalplanung unterstützt, obwohl dies speziell auch bei der Kapazitätsabstimmung als notwendig erachtet wird[278]. Das PPS-Konzept weist unter anderem den Mangel auf, daß eine „Kapazitätsabstimmung meistens fehlt, sowohl in der mittelfristigen wie auch in der kurzfristigen Planung"[279]. Dies bezieht sich auf den Kapazi-

---

[270] Siehe Schneeweiß (1992b) S. 16 und Mertens (1992) S. 28.

[271] Siehe Gubitz (1995) S. 123.

[272] Siehe Luczak (1997) S. 203-209.

[273] „PPS-System ist dabei ein häufig gebrauchter Begriff für Logistik-Software", siehe Schönsleben (1998) S. 325.

[274] Siehe Nolting (1990) S. 626 und Studie (1996) S. 10.

[275] Siehe Fleischmann (1988) S. 350. Kapazitätsbelastungsübersichten sind in unterschiedlicher zeitlicher Detaillierung und nur teilweise mit graphischer Darstellung vorhanden (siehe Gubitz (1995) S. 125). Siehe Schönsleben (1998) S. 325 und Schönsleben (1996) S. 176.

[276] Dies wird oft umschrieben durch folgende beschönigende Formulierung: „.... einen Kapazitätsabgleich durch Entscheidungsunterstützung im Dialog mit dem Disponenten vorzunehmen" (siehe Möhle (1996) S. 50 und Mertens (1995) S. 148ff). Siehe auch Gubitz (1995) S. 125. Parameter für die Zuordnung von Aufträgen zu Ressourcen hinsichtlich Kosten, Zeit und Qualität, mindestens aber Vorgabezeiten, sind i.d.R. in einem Arbeitsplan hinterlegt (siehe Günther (1992) S. 230 und Nolting (1990) S. 625). Ausweichbetriebsmittel sind teilweise hinterlegbar.

[277] Siehe Gubitz (1995) S. 125 und Bresser (1994) S. 499ff. Die lineare Programmierung ist in nur ca. 10% der PPS-Systeme verfügbar (siehe Fandel (1994) S. 94 und S. 240-248).

[278] Siehe Fleischmann (1988) S. 350 und Studie (1996) S. 30.

[279] Siehe Fleischmann (1988) S. 350.

tätsabgleich und mehr noch auf die Kapazitätsanpassung[280]: „In PPS-Systemen fehlt es an effizienten Verfahren zur Berücksichtigung der Kapazitätsbeschränkungen, so daß ein Kapazitätsabgleich - wenn überhaupt[281] - erst im Anschluß an die eigentliche Auftragsterminierung gleichsam als Korrekturrechnung nachträglich durchgeführt wird."[282] „Erstaunlich ist (...), daß diese Planung (des Kapazitätsangebots, A.d.V.) weder von den Planungsfachleuten in der Praxis noch von der Wissenschaft nachhaltig unterstützt wird. Betrachtet man heutige (...) PPS-Systeme, so stellt man fest, daß Kapazitätsaspekte i.d.R. im nachhinein durch den Anwender einzubringen sind. Erst in jüngster Zeit macht das Schlagwort MRP II (Manufacturing Resources Planning) auf sich aufmerksam, wonach Kapazitäten (...) zu berücksichtigen sind. (...) obwohl eine Integration arbeitszeitlicher Regelungen in ein PPS-System noch lange wird auf sich warten lassen, so kann man wenigstens versuchen, eine isolierte Planung der Personalkapazität vorzunehmen."[283]

SCHRADE[284] erkennt die „Schwachpunkte bei IT-Lösungen für den Produktionsbereich in der Qualität von Plan- und Steuerdaten". Er berichtet vom Einsatz von speziellen „Engines", die mittels eines Data-Warehouses an Standardanwendungen angekoppelt werden und entwickelt eine „Produktions-Management-Architektur". Er benutzt die Engines unter anderem dazu, „priorisierte Aufträge mit den Ressourcen abzugleichen und Werkzeuge und Personal einzusetzen". Seine Arbeiten basieren auf einer Architektur, die der in dieser Arbeit vorgestellten entspricht. Er führt aber keine Kapazitätsabstimmung, sondern nur einen Kapazitätsabgleich durch und benutzt einfache Prioritätsregeln, nicht die geforderten Optimierungsmodelle. Die beschriebenen Engines sind in der Programmiersprache „APL" zu codieren. Die Modellierung kann also nicht als benutzerfreundlich im Sinne von Kapitel 3.1 bezeichnet werden. Somit kann die Arbeit von SCHRADE als eine Vorstufe der hier vorgestellten Ansätze bewertet werden.

---

[280] So betont unter anderem (siehe Kollmuß (1994) S. 50) der Marktführer SAP vor allem den Kapazitätsabgleich. Die Freiheitsgrade der Kapazitätsanpassung sind vom Benutzer manuell einzustellen (siehe Bresser (1994) S. 499ff) und Gronau (1997) S. P27.

[281] „In vielen PPS-Systemen werden keine Kapazitätsabgleichsheuristiken eingesetzt", siehe Möhle (1996) S. 50.

[282] Siehe Günther (1992) S. 230. Dazu stellen unter anderem auch expertensystemgestützte Systeme Informationen „diagnostischen, aber keinesfalls therapeutischen Charakters" bereit (siehe Mertens (1992) S. 39).

[283] Siehe Schneeweiß (1992b) S. 16 und Mertens (1992) S. 28: „In den letzten Jahren haben sich vor allem US-amerikanische Autoren wieder verstärkt der Kapazitätsdisposition zugewandt." Allerdings vernachlässigen auch die Arbeiten zu MRP II Kapazitätsengpässe bei Personal mit bestimmtem Qualifikationsprofil (siehe Mertens (1992) S. 35).

Zusammenfassend kann gesagt werden, daß trotz der Forderung von Wissenschaft und Wirtschaft die am Markt angebotenen PPS-Systeme große Schwächen in der Kapazitätsabstimmung, speziell in der Kapazitätsanpassung, haben. Von einer Optimalplanung ist man noch weit entfernt.

4.2.2 Optimierungsmodelle in elektronischen Leitständen

Aufgrund der Defizite der verfügbaren Produktionsplanungs- und -steuerungssysteme vor allem bei der mittel- bis kurzfristigen produktionsnahen Planung und Steuerung wurden und werden sowohl bei konventionell verrichtungsorientiert strukturierten als auch bei segmentierten Produktionssystemen unterlagerte Systeme eingesetzt[285]. Diese werden als Werkstattsteuerungssysteme[286], Shop-Floor Control Systems oder, v.a. wenn eine elektronische Plantafel vorhanden ist, als elektronische Leitstände[287] bezeichnet. Der Funktionsumfang[288] dieser Systeme ist stark unterschiedlich und kann neben der Kapazitätsplanung und der Ablaufsteuerung inklusive der Reihenfolgeplanung auch die Materialflußsteuerung und Informationsversorgung umfassen. Vor allem bei segmentierten Strukturen sollen diese Systeme Unterstützung gemäß dem individuellen[289] Bedarf des jeweiligen Segments bieten.

Der Bedarf an ausgereiften Methoden für diese Leitstände ist erkannt: das „Leitstandpersonal sollte nicht allein durch die ‚Stecktafeltechnik‘, sondern durch gezielt einzusetzende Optimierungsverfahren"[290] unterstützt werden. „Der Leitstand muß automatisch einen weitgehend umsetzbaren Belegungsvorschlag liefern."[291] Neueste, allerdings erst verein-

---

[284] Siehe Schrade (1997) S. 24.

[285] Zu Einsatzgebieten siehe Bullinger (1993b) S. 16, Aupperle (1997) S. P42. Bei dezentralen Strukturen werden Leitstände nur selten eingesetzt (siehe Bullinger (1995) S. 39, Bullinger (1991) S. 33f).

[286] Siehe Bullinger (1993b) S. 15.

[287] Zur Definition siehe Westkämper (1991b) S. 23.

[288] Siehe Westkämper (1994c) S. 37. Bei der Informationsversorgung spielt speziell die Versorgung mit prozeßnahen Daten wie NC-Programmen eine wichtige Rolle (siehe a.a.O. S. 37ff.) Siehe auch Bullinger (1993a) S. 225ff.

[289] Siehe Westkämper (1994c) S. 33.

[290] Siehe Nolting (1990) S. 626f.

[291] Siehe Aupperle (1997) S. P41

zelte, Entwicklungen nutzen Simulationsverfahren[292], um die Dynamik des Produktionsprozesses abzubilden, sowie agentenbasierte Ansätze und Constrainttechniken[293]. „Betrachtet man die heutigen Nutzungsformen, so fällt auf, daß die benutzten Leitstandsysteme im wesentlichen Durchsetzungsinstrumente für unflexible PPS-Systeme sind, aber weniger Planungs- und Entscheidungshilfsmittel für eine flexible und reaktionsfähige Produktion."[294] „Einfache Planungsalgorithmen, wie zum Beispiel Vorwärts-/ Rückwärtsterminierung und manuelle Planung sind in allen marktgängigen Systemen vorhanden. Die simultane Planung von Mitarbeitern, Maschinen und Betriebsmitteln wird bisher so gut wie nicht von Systemen unterstützt."[295] Elektronische Leitstände legen ihren Schwerpunkt der Unterstützung auf den Kapazitätsabgleich, weniger auf die Anpassung der Kapazität. Verfahren zur Optimalplanung sind selten[296] zu finden.

Dennoch bieten Leitstände eine gewisse Unterstützung, indem sie einen zulässigen, teilweise auch optimierten Plan für die Belegung von Betriebsmitteln mit Arbeitsgängen errechnen und ihn in Form einer Plantafel visualisieren. Die manuelle Überarbeitung des Plans erfolgt benutzungsfreundlich mittels Maus. „Die Planung erfolgt maschinengenau mit einer hohen zeitlichen Detaillierung"[297], was die in Kapitel 4.1.1 aufgezeigten Komplexitäts- und Rechenzeitprobleme[298] determiniert. Bei der Berechnung eines Plans gehen die Leitstände von einem fixen, manuell veränderbaren[299] Kapazitätsangebot aus, d.h. sie führen aktiv keine Kapazitätsabstimmung durch, sondern eine Zuordnung von Aufträgen zu Maschinen und Mitarbeitern zu Maschinen. Zusammenfassend kann gesagt werden, daß elektronische Leitstände mit einfachen heuristischen Verfahren Belegungspläne für Maschinen berechnen, aber weder die Kapazitätsabstimmung ausreichend unterstützen noch eine Optimalplanung im Sinne der hier vorgelegten Arbeit durchführen können.

---

[292] Siehe Arnold (1997) S. 28ff.

[293] Siehe Baumgärtl (1997) S. 61f.

[294] Siehe Bullinger (1993b) S. 16.

[295] Siehe Bullinger (1993b) S. 20. Ansätze für eine simultane Planung sind aber vorhanden (siehe Aupperle (1992) S. 36ff und Moßmann (1993) S. 56ff).

[296] Siehe Aupperle (1996a) S. 10, Aupperle (1996b) S. 217ff und Aupperle (1997) S. 219. Nur fünf von 23 von Aupperle untersuchten Systemen setzen Methoden des Operations Research zur Errechnung eines optimalen Belegungsplans ein.

[297] „Teilweise minutengenau mit einem Planungshorizont von mehreren Tagen bis Wochen" (siehe Bullinger (1995) S. 36).

[298] Zu den auftretenden algorithmischen Problemen siehe Schönsleben (1998) S. 527ff.

4.2.3 Optimierungsmodelle in Personalplanungssystemen

In der vorgelegten Arbeit sind gemäß Kapitel 2.2.1 zur Bewertung des Stands der Technik Systeme zur Planung des zeitlichen und örtlichen Personaleinsatzes zu betrachten. Sie gewinnen vor dem Hintergrund schwankender Kapazitätsbedarfe immer größere Bedeutung. Effekte wie eine deutliche Verbesserung des Auftragsflusses[300] können dadurch erzielt werden, daß Nutzungszeiten von Betriebsmitteln von den Arbeitszeiten entkoppelt[301] und Mitarbeiter statt an nicht voll ausgelasteten Betriebsmitteln an Engpaßarbeitsplätzen eingesetzt werden. Vor diesem Hintergrund ist das Schrifttum außerordentlich umfangreich und vielgestaltig: Es reicht von Verfahren zur Personalplanung bei gegebener Personalausstattung[302] über Verfahren zur projektübergreifenden Personaleinsatzoptimierung[303] bis zu i.d.R. benutzerfreundlichen Instrumenten zur Simulation von Arbeits- und Nutzungszeitmodellen[304].

Daher soll in der vorgelegten Arbeit auf die aktuelle zusammenfassende Würdigung des Stands der Technik in BRAUN[305] verwiesen werden. Er analysiert neben Verfahren zur Personalbedarfsermittlung speziell auch die für die vorgelegte Arbeit relevanten Verfahren zur Personalangebotsermittlung und Personalzuordnung. Verfahren zur Ermittlung des qualitativen Personalangebots stellen „das Qualifikationsprofil einer Arbeitskraft dem Anforderungsprofil eines Arbeitsplatzes gegenüber und ermitteln so einen Zuordnungswert"[306]. Damit sind die Verfahren zur Generierung der in dieser Arbeit benötigten Eignungswerte (siehe Kapitel 3.2) vorhanden. BRAUN entwickelt ein Modell zur Abbildung flexibler Arbeitszeitmodelle[307]. Damit können die Anforderungen aus Kapitel 3.2 an das

---

[299] Siehe Aupperle (1996a) S. 9.

[300] Siehe Kollmuß (1994) S. 51.

[301] Siehe Bullinger (1990) S. 55.

[302] Siehe Muche (1989) S. 1ff. Im Gegensatz zu der vorgelegten Arbeit ist nach Muche der „Bedarf an einer im wesentlichen vorhandenen Personalausstattung auszurichten" (Muche (1989) S. 2).

[303] Siehe Reister (1990) S. 1ff. Bei Reister steht die Durchführung eines umfangreichen Projekts im Mittelpunkt der Betrachtung.

[304] Siehe Bullinger (1990) S. 56f und Braun (1994) S. 38f und 163f.

[305] Siehe Braun (1994) S. 51-65.

[306] Siehe Braun (1994) S. 54.

[307] Er benutzt dazu u.a. Zykluszeit, Dauer und Lage (siehe Braun (1994) S. 46, S. 80-84 und S. 89f). Vgl. Schönsleben (1994) S. 246.

betriebliche Informationsmodell auch hinsichtlich der Parameter für die Verfügbarkeit der Ressourcen, speziell des Personals als erfüllt betrachtet werden.

Zur Durchführung einer Personalzuordnung werden unterschiedliche Modelle des örtlichen Personaleinsatzes vorgeschlagen: teilautonome Arbeitsgruppen, Personalgruppenmodell, Komplementärgruppenmodell und Springermodell[308]. Alle Modelle dienen letztlich dazu zu definieren, welche Regeln für die Personalzuordnung gelten sollen und münden in einer Zerlegung des Zuordnungsproblems in Teilprobleme, bei denen jeweils die zuzuordnenden Ressourcen angegeben werden. Die angeführten Modelle sind daher als zur Informationsversorgung des Optimierungsmodells notwendig zu interpretieren - notwendig im Sinne der Anforderung an die Modelltransformation zur freien Zuweisung von Zuordnungsvariablen zu Objekten des betrieblichen Informationsmodells.

„Der Schwerpunkt der in der Literatur dargestellten Arbeiten zur Personalzuordnung liegt auf der Methodik der Ermittlung einer zieladäquaten Zuordnung."[309] Unterschieden werden Verfahren auf Basis einer festen Zuordnungsstrategie, Verfahren auf Basis von Eignungsgraden und Verfahren auf Basis von quantitativen Kriterien, die jeweils bestimmte Nachteile haben[310]. Zur Lösungsfindung werden verschiedene mathematische Verfahren eingesetzt, unter anderem Verfahren der vollständigen Enumeration, exakte Verfahren, heuristische Verfahren und Verfahren auf Basis der Fuzzy Set Theorie[311]. BRAUN präferiert aufgrund der nur unscharf zu definierenden Ziele der Personalzuordnung letztere. Er entwickelt ein unscharfes Planungsverfahren zur mittelfristigen Personalkapazitätsanpassung und realisiert dieses in einem benutzerfreundlichen System.

Das Verfahren von BRAUN erfüllt im Gegensatz zu allen anderen dort analysierten Verfahren die gestellten Anforderungen an das Optimierungsmodell. BRAUN löst allerdings nur ein spezielles Problem der Kapazitätsabstimmung, nämlich die Personalkapazitätsanpassung mit den Freiheitsgraden der Verfügbarkeit des Personals und deren Zuordnung zu Arbeitsplätzen. Ergänzend zu BRAUN soll in der vorgelegten Arbeit ein generisches Modell zur Lösung einer ganzen Klasse von Anpassungs- und Zuordnungsaufgaben mit den daraus resultierenden Anforderungen an die Architektur des Modells (siehe Bild 3-2)

---

[308] Siehe Braun (1994) S. 44.

[309] Siehe Braun (1994) S. 55.

[310] Zur Diskussion der Verfahren und deren wichtigsten Vertreter siehe Braun (1994) S. 56ff.

[311] Siehe Braun (1994) S. 61, Reister (1990) S. 22ff sowie Kossbiel (1988) S. 1046ff.

geschaffen werden. Die Arbeit von BRAUN kann somit als Vorarbeit zu dieser verallgemeinernden Arbeit gewertet werden.

4.2.4 Optimierungsmodelle in Systemen zur Werkzeugeinsatzplanung

Vor allem bei der seit den siebziger und achtziger Jahren steigenden Zahl[312] flexibler Fertigungssysteme (FFS) ergeben sich für die Ressourceneinsatzplanung und -steuerung zahlreiche neue zu beachtende Effekte[313]. Aufgrund von Kostengesichtspunkten und der Begrenzung der Kapazitäten von Werkzeugmagazinen sind Werkzeuge und Spannvorrichtungen zu berücksichtigen[314]. GÜNTHER[315] grenzt dabei die Einlastung, d.h. die Verfügbarkeitsprüfung, Serienbildung, Systemrüstung für Werkzeugmagazine und Spannelemente sowie die Reihenfolgebildung von der Steuerung, d.h. der Auftragsfreigabe, Ablaufsteuerung, Betriebsmittelüberwachung und Auftragsüberwachung ab. Während bei der „Steuerung nur einfache Prioritätsregeln benutzt werden, da diese kaum Möglichkeiten besitzt, eine ungenügende Planung zu kompensieren"[316], ist die Einlastung methodisch zu unterstützen, da bei FFS die „Zuordnung eines Arbeitsgangs zu einer Werkzeugmaschine erst über die bereitzustellenden Werkzeuge"[317] erfolgt. GÜNTHER betont zwar die Notwendigkeit der Planung, führt aber keinerlei Methoden an.

Obwohl durch den flexiblen Werkzeugeinsatz für mehrere Maschinen „die Werkzeuganzahl vermindert werden kann"[318] und erste Ansätze zu einer rechnergestützten Steuerung des Werkzeugeinsatzes seit 1983 entwickelt wurden[319], existieren zur Optimalplanung

---

[312] Siehe Mayer (1988) S. 11. „Diese Systeme haben ihre Produktivität und Flexibilität bereits vielfach unter Beweis gestellt", siehe Westkämper (1991b) S. 6.

[313] Siehe Günther (1994) S. 242.

[314] Siehe Günther (1994) S. 242. Die reibungslose Versorgung von FFS u.a. mit Betriebsmitteln wie Werkzeugen ermöglicht die Erhöhung des Nutzungsgrads von 60 - 70% auf 85 - 95% (siehe Mayer (1988) S. 11). Störungen traten vor allem dadurch auf, „daß die Werkzeuge nicht wie vorgesehen zum richtigen Termin an ihrem Einsatzort zur Verfügung" standen, u.a. weil „Werkzeuge an mehreren Einsatzorten gleichzeitig benötigt wurden" (siehe Fu (1995) S. 4f). Fu (1995) S. XI führt auch die Kostenerhöhung durch fehlende Werkzeugverfügbarkeit bzw. zu hohe Umlaufbestände an.

[315] Siehe Günther (1994) S. 244ff.

[316] Siehe Günther (1994) S. 248.

[317] Siehe Günther (1994) S. 246.

[318] Siehe Mayer (1988) S. 96.

[319] Siehe Fu (1995) S. 7.

des Werkzeugeinsatzes kaum Arbeiten: MAYER[320] ermittelt über eine Reihenfolgeplanung einen Maschinenbelegungsplan und errechnet daraus den Werkzeugbelegungsplan. Er geht aber von einer festen Zuordnung von Werkzeug zu Maschine aus, da er störungsbedingte Stillstandszeiten fürchtet. FU[321] gibt einen Überblick über den Stand der Technik. Die zitierten Arbeiten, unter anderem des Laboratoriums für Werkzeugmaschinen und Betriebslehre (WZL) der RWTH Aachen, beziehen sich vor allem auf die Rechnerunterstützung im Werkzeugwesen, mit Schwerpunkt auf der Datenverwaltung und der Informationsbereitstellung[322], der Gestaltung von Prozessen und der Organisation. Speziell für die mittel- bis kurzfristige Werkzeugeinsatzsteuerung (Generieren der Bereitstellaufträge, Veranlassen und Überwachung der Bereitstellung) zählt er vier Einsatzstrategien auf, bei denen die - auch in der vorgelegten Arbeit verfolgte - Reservierung des Werkzeugs für eine Planperiode die Einsatzflexibilität sichert, ohne den hohen Aufwand für die Steuerung bei der rein auftragsbezogenen Werkzeugbereitstellung in Kauf nehmen zu müssen. FU führt aus, daß die Werkzeugeinsatzsteuerung[323] eine vollziehende und weniger eine planende Aufgabe hat, d.h. sie hat keinen Einfluß auf den Bedarfstermin, sondern muß dafür sorgen, daß benötigte Werkzeuge bereitgestellt werden. Der Bedarfstermin wird von der Fertigungssteuerung durch die Maschinenbelegung und die Festlegung von Auftrags- und Rüstreihenfolgen[324] vorgegeben. Daher ist von einer Optimalplanung des Werkzeugeinsatzes nicht zu sprechen, sondern von einer i.d.R. benutzerfreundlichen Datenverwaltung[325] und einer Vollzugsplanung: „Zielgerichtete Steuerungsinstrumentarien fehlen."[326]

Zusammenfassend für Kapitel 4.2 kann hinsichtlich des Einsatzes von Optimierungsmodellen in betrieblichen Informationssystemen zur Kapazitätsabstimmung folgendes Fazit (Bild 4.2-2) gezogen werden: „Bisherige Standardsysteme für das Produktionsmanagement bieten durchaus befriedigende Ergebnisse im Bereich der Datenverwaltung. Auch für die Aufbereitung und Darstellung der Daten (...) gibt es akzeptable Anwendungen.

---

[320] Siehe Mayer (1988) S. 92-96.

[321] Siehe Fu (1995) S. 12ff, S. 20ff.

[322] Siehe auch Ordenewitz (1996) S. 14.

[323] Bei der Werkzeugeinsatzplanung findet die (prozeß- und technologieorientierte) Zuordnung von Werkzeugen zu den Arbeitsvorgängen und die Bestimmung der Schnittwerte statt (siehe Fu (1995) S. 16).

[324] Siehe Leinhäuser (1996) S. 14. Zur Bedeutung der Reihenfolgeplanung siehe Schönsleben (1998) S. 592.

[325] Siehe Fu (1995) S. 22.

[326] Siehe Fu (1995) S. XI.

Akuter Handlungsbedarf besteht jedoch (...) bei der Qualität der Plan- und Steuerdaten."[327] Speziell zeigen sich große Schwächen bei der Kapazitätsabstimmung, die entweder gar nicht erfolgt, d.h. Planung gegen unbegrenzte Kapazität, oder nur den zeitlichen Abgleich methodisch unterstützt. Die Kapazitätsanpassung erfolgt in der Regel durch die manuelle Einstellung von Parametern. Modelle und Verfahren zur Optimalplanung werden dort wie auch bei anderen Aufgaben äußerst selten eingesetzt.

Damit läßt sich nach Betrachtung der Optimierungsmodelle des Operations Research und der betrieblichen Informationssysteme folgendes Fazit ziehen: Optimierungsmodelle des Operations Research werden punktuell und stets sehr spezifisch eingesetzt. Defizite bestehen hinsichtlich der aufwandsarmen Modellierung, speziell der Anpaßbarkeit auf unterschiedliche betriebliche Aufgabenstellungen und der Versorgung mit Daten. Betriebliche Informationssysteme verwalten Daten, setzen aber kaum Verfahren zur Optimalplanung ein. Daher gilt es, Modelle und Verfahren zur Optimalplanung durch Konfigurationsmöglichkeiten anwendbar zu machen und mit Daten aus den betrieblichen Informationssystemen zu versorgen.

---

[327] Siehe Schrade (1997) S. 24.

Legende – keine Unterstützung möglich O Unterstützung möglich, aber nicht typisch + Unterstützung ++ starke Unterstützung		PPS-Systeme	Leit-stände	Perso-nalpla-nung	Werk-zeug-einsatz-planung
Architektur	Anwendbarkeit für Problemklassen	–	–	–	–
	Trennung von Optimierungsmodell, betrieblichem Informationsmodell und Modelltransformation	–	–	O	–
	Modellaufbau durch Synthese und Spezialisierung	–	–	–	–
	Benutzerfreundlichkeit	+	+	+	+
Optimierung	Freiheitsgrade: Verfügbarkeit, Auftrags-zuordnung und Ressourceneinsatz	–	O	+	O
	Perioden- und ressourcenübergreifende Optimierung	O	+	+	O
	Mehrere Zielfunktionen mit Anspruch-niveaus	–	–	O	–
	Spezielle lineare Zielfunktionen	–	–	O	–
Betriebliches Informations-modell	Parameter für die Zuordnung von Auf-trägen zu Ressourcen	+	+	entf.	entf.
	Parameter für den Ressourceneinsatz	–	O	+	O
	Parameter für die Verfügbarkeit von Ressourcen	+	+	++	+
Modell-transformation	Freie Zuweisung von Zuordnungsvariablen zu Objekten	entf.	entf.	–	entf.
	Freie Zuweisung von Anpassungsvariablen zu Objekten	entf.	entf.	–	entf.
	Freie Zuweisung von Parametern für Zielfunktionen	entf.	entf.	–	entf.

Bild 4.2-2: Zusammenfassende Bewertung der in betrieblichen Informationssystemen eingesetzten Optimierungsmodelle hinsichtlich der Anforderungen der Kapazitätsabstimmung[328]

---

[328] Kriterien, die nicht beurteilbar sind, da sie nicht in den Aufgabenbereich des untersuchten Systems fallen, wurden mit „entfällt" bezeichnet.

5   Ein generisches Optimierungsmodell als Lösungsansatz für Zuordnungs- und Anpassungsaufgaben

Das Vorhaben der vorliegenden Arbeit ist es, ein generisches Optimierungsmodell für Zuordnungs- und Anpassungsaufgaben im Rahmen der Kapazitätsabstimmung zu entwickeln. Das Optimierungsmodell soll dazu beitragen, diese Aufgaben schnell, anpassungsfähig, nachvollziehbar und mit geringem Aufwand zu modellieren, um damit vor allem Zeit- und Kostenziele in Industrieunternehmen besser zu erreichen. Die Integration der Problemlösung - innerhalb derer die Problemmodellierung erfolgt - in die betriebliche Planung wurde in Kapitel 2 beschrieben. Sie ist in Bild 5-1 um die wichtigsten Informationsflüsse ergänzt und im Überblick dargestellt.

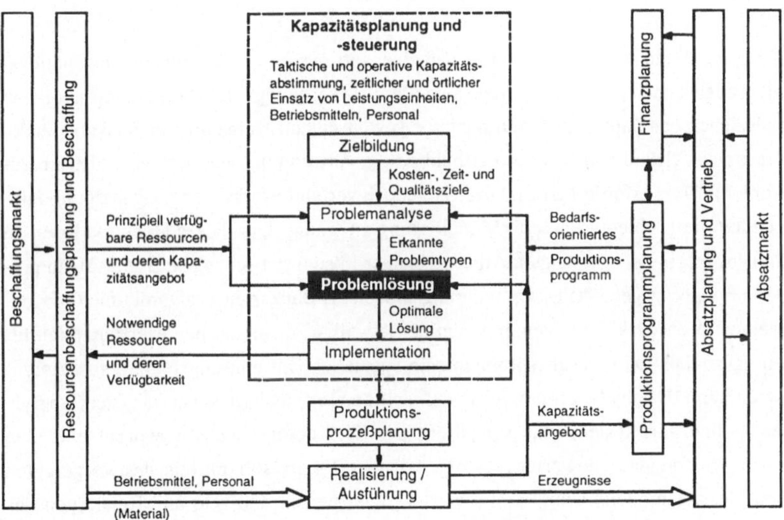

Bild 5-1:   Integration der Problemlösung in die betriebliche Planung[329]

Folgende Einflußgrößen gehen danach in die Problemlösung und -modellierung ein:

- Zeit-, Kosten- und Qualitätsziele aus der Phase der Zielbildung (vgl. Kapitel 2.3.3),

- erkannte Problemtypen aus der Phase der Problemanalyse,

---

[329] In Anlehnung an König (1997b) S. 62.

- ein bedarfsorientiertes, d.h. eng am Auftragseingang orientiertes Produktionsprogramm mit einer starken Schwankung in der Art und Anzahl der bestellten Produkte (vgl. Kapitel 2.1) sowie

- Informationen über unternehmensintern und -extern prinzipiell verfügbare Ressourcen und deren Kapazitätsangebot (vgl. Kapitel 2.2), speziell vorhandene Maschinen, Anlagen, Werkzeuge, Personal und im Netzwerk einloggbare Leistungseinheiten.

Die in der Problemanalyse erkannten Zuordnungs- und Anpassungsprobleme werden innerhalb der Phase der Problemlösung modelliert. Auf Basis dieses Modells erfolgt eine Suche und Bewertung von Lösungsalternativen sowie die Entscheidung für die Lösung, die als optimale Lösung angesehen und implementiert wird.

In Kapitel 3 und 4 wurde hergeleitet, daß einerseits nur für den jeweiligen Anwendungsfall maßgeschneiderte Optimierungsmodelle für Zuordnungs- und Anpassungsaufgaben im Rahmen der Kapazitätsabstimmung die gewünschten Erfolge bringen, daß aber andererseits aus Gründen der Wirtschaftlichkeit die Anwendung von Standardsoftware zur Problemlösung erforderlich ist. Diese ist jedoch verfahrensorientiert ausgeprägt und unterstützt die problemorientierte Modellierung zu wenig. Um dieses Dilemma lösen zu können, soll in der vorgelegten Arbeit als neuer Lösungsansatz (siehe Bild 5-2) ein problemorientiertes generisches Optimierungsmodell als Baukasten von vordefinierten Konstrukten[330] entwickelt werden, mit dem der jeweilige Anwender benutzerfreundlich für sein spezielles Optimierungsproblem sein spezielles Optimierungsmodell zusammensetzen kann. Dieses Optimierungsmodell soll an ein Standard-Softwaresystem übergeben[331] und dort system- und verfahrensspezifisch codiert werden, worauf dort eine Lösungssuche und -bewertung erfolgen kann. Weiter soll mittels des vorgelegten Optimierungsmodells auch identifiziert werden, welche Objekte und Relationen des vorhandenen individuellen betrieblichen Informationsmodells zur Datenversorgung des

---

[330] Siehe Dangelmaier (1993) S. 4.

[331] Wünschenswert ist eine DV-technische Schnittstelle zwischen dem hier vorgelegten Optimierungsmodell und dem Modellierungs-/Codierungsmodul des Standard-Softwaresystems. Falls diese Schnittstelle nicht realisierbar ist, weil die systemspezifische Codierung nicht von außen bedient werden kann, ist es hilfsweise möglich, das Modell in Papierform zu erstellen und manuell im Standard-Softwaresystem zu codieren. Dies ist immer noch aufwandsarm, weil das geistige Durchdringen der Modellierung, das gegenüber der Codierung wesentlich aufwendiger ist, weiterhin unterstützt wird und weil die Codierung nur das Modell umfaßt, nicht aber die Daten für das Modell. Diese müssen auch bei nicht vorhandener Schnittstelle nicht manuell eingegeben werden, weil die Standard-Softwaresysteme eine Schnittstelle für Daten (nicht aber in jedem Fall für Modelle) bieten.

Standard-Softwaresystems erforderlich sind und wie die Umwandlung der Daten erfolgen kann.

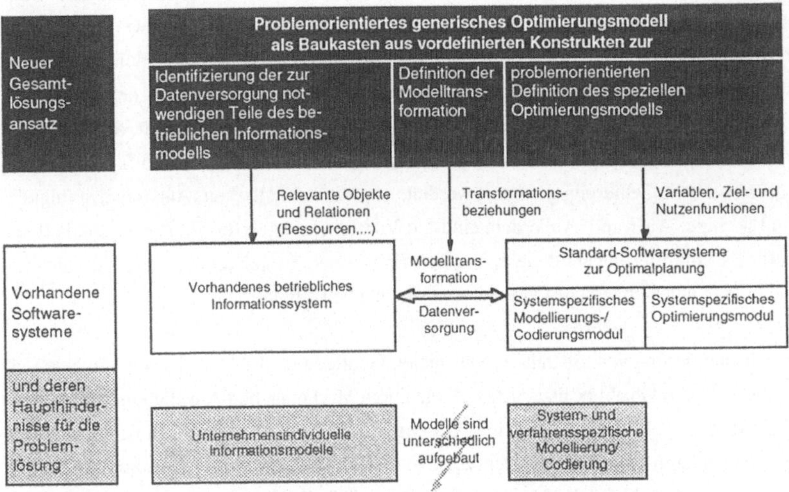

Bild 5-2:   Neuer Lösungsansatz und Nutzung vorhandener Softwaresysteme

Zur Definition des generischen Optimierungsmodells für Zuordnungs- und Anpassungsaufgaben im Rahmen der Kapazitätsabstimmung wird der methodische Ansatz der Modularisierung und Standardisierung gewählt. Modularisierung meint hier zum einen die Kapselung von eigentlichem Optimierungsmodell, betrieblichem Informationsmodell und der Modelltransformation in verschiedenen Schichten, zum anderen die Identifizierung von einzelnen Objekten innerhalb des jeweiligen Teilmodells. Diese Modularisierung ermöglicht es, trotz individuell zugeschnittener und daher unterschiedlicher Optimierungsmodelle, auf feingranularer Ebene ähnliche Bausteine zu identifizieren und durch Zusammenfassung dieser ähnlichen Bausteine standardisierte Klassen zu bilden. Diese Klassen werden als aufgabenspezifisch vordefinierte generische Konstrukte[332] ausgebildet, mit denen der Anwender durch Spezialisierung, Spezifikation und Synthese sein spezielles Problem modellieren kann.

---

[332] Der Nutzen generischer Modellbausteine (Konstrukte) wird allgemein akzeptiert und diese breit angewendet (siehe Holland (1995) S. 34). Generisch bedeutet „das Geschlecht oder die Gattung betreffend", also nicht einzelne Individuen (siehe Duden (1967) S. 292). Zur Nutzung von generischen, einfach anwendbaren und normierten Konstrukten zur Erstellung individueller Unternehmensmodelle existiert eine Norm als Rahmenwerk zur Unternehmensmodellierung (siehe DIN 40 003 S. 1ff).

Der methodische Ansatz der Modularisierung und Standardisierung wird fachübergreifend[333] erfolgreich angewendet. Im ingenieurwissenschaftlichen Bereich ist vor allem die Produktentwicklung und Konstruktion aufzuführen, wo mit Hilfe standardisierter Module aus Baukästen individuelle Produkte variantenreich konfiguriert[334] werden können. In der Informatik werden Programme in gekapselte Schichten und Module gegliedert, was eine Komplexitätsreduzierung, Wiederverwendbarkeit und Anpaßbarkeit gewährleistet. Diese Methode wird für die Aufgabenstellung dieser Arbeit gewählt, da sie bei der Anwendung in den o.g. Bereichen die Ziele erfüllt hat, die in Kapitel 2.3 für die Durchführung der Modellierung gefordert werden, nämlich Schnelligkeit, Anpassungsfähigkeit und geringer Aufwand. Außerdem sind die Voraussetzungen für die Anwendbarkeit erfüllt, da Optimierungsmodelle per se aus Bausteinen aufgebaut sind, die sich ähneln, wenn man unterschiedliche Optimierungsmodelle betrachtet[335].

Zur Modellierung von abstrakten oder realen Gebilden ist die Nutzung von Objekten[336] vorteilhaft. Ein Objekt besitzt Attribute, die durch Merkmale und Ausprägungen repräsentiert werden. Schnelle, einfache und kostengünstige Anpaßbarkeit[337] an veränderte Bedingungen kann mittels objektorientierter Modelle erreicht werden: „Customizing bedeutet, daß einzelne, kleine Bausteine nach eigenen Anforderungen zusammengesteckt werden, was Flexibilität für lebendiges Wachstum der programmierten Lösung ermöglicht."[338] Da „(...) mit objektorientierter Entwicklung sich komplexe Konstellationen (...) besser beschreiben und entsprechende Lösungen programmieren"[339] lassen, soll das angestrebte generische Optimierungsmodell für Zuordnungs- und Anpassungsaufgaben mit der Methode der objektorientierten Modellierung[340] entwickelt werden.

---

[333] Siehe Baldwin (1998) S. 39-48.

[334] Westkämper (1997b) S. 15 spricht sogar vom „Konfigurationsmanagement beim Kunden". Siehe auch Schönsleben (1998) S. 260.

[335] Siehe dazu die in Kapitel 4.1 angeführte Literatur, speziell Varga (1991) S. 1ff.

[336] Siehe Ordenewitz (1996) S. 17.

[337] Das Zuschneiden von Modellen und Anwendungen auf spezifische Unternehmensanforderungen wird als „Customizing" bezeichnet (siehe Schiewer (1996) S. 53). Vergleiche auch Bullinger (1993b) S. 20.

[338] Siehe Schiewer (1996) S. 51.

[339] Siehe Schrade (1997) S. 24 und Litzba (1996) S. 17f.

[340] Zur Methodik siehe Rumbaugh (1993) S. 1ff.

Die objektorientierte Modellierung basiert auf der Definition von „Objektklassen und ihren Relationen zueinander"[341]. Unter einer Klasse wird dabei „eine Beschreibung einer Gruppe von Objekten mit ähnlichen Eigenschaften, gemeinsamem Verhalten, gemeinsamen Relationen und einer gemeinsamen Semantik" verstanden. Ein „Attribut ist eine benannte Eigenschaft einer Klasse, die einen Datenwert beschreibt, den jedes Objekt der Klasse besitzt". „Eine Instanz ist ein von einer Klasse beschriebenes Objekt", d.h. ein Exemplar einer Klasse. Klassen werden in einer Hierarchie aus Ober- und Unterklassen dargestellt. Das Erzeugen von Unterklassen aus einer Oberklasse durch Verfeinern, d.h. das Hinzufügen von speziellen Attributen, wird als Spezialisierung bezeichnet. Unterklassen nutzen mittels Vererbung automatisch die Attribute und Methoden/Operationen ihrer Oberklassen. Das Objektmodell[342] ist eine Beschreibung der Struktur der Objekte in einem System einschließlich ihrer Identität, Relationen zu anderen Objekten, Attributen und Operationen.

Auf Basis der grundlegenden Modellierungstechnik der Objektorientierung soll in der vorgelegten Arbeit das angestrebte generische Optimierungsmodell derart erzeugt werden, daß in der Literatur beschriebene Optimierungsmodelle modularisiert werden. Durch Vergleich der Bestandteile hinsichtlich ihrer Attribute können ähnliche Bestandteile zu Klassen zusammengefaßt und diese Klassen in einem Klassenbaum geordnet werden[343]. Ergebnis der Arbeiten werden Konstrukte sein, mit denen durch eine anwendungsbezogene Modellierungstätigkeit spezielle Aufgaben anwendungsspezifisch definiert werden können. Der Ablauf der Modellierung ist in Bild 5-3 dargestellt und bestimmt den Aufbau der weiteren Kapitel der vorgelegten Arbeit.

Gemäß der in Bild 2.3-4 dargestellten Architektur sind Konstrukte für das Optimierungsmodell, die relevanten Objekte des betrieblichen Informationsmodells - im folgenden als Objektmodell bezeichnet - und die Modelltransformation zu entwickeln. Im Rahmen des Optimierungsmodells werden generische Variablen zur Abbildung der Freiheitsgrade der

---

[341] Zur Definition der Begriffe siehe Rumbaugh (1993) S. 553ff, Schönsleben (1994) S. 39-59 und Ordenewitz (1996) S. 17.

[342] Siehe Rumbaugh (1993) S. 560. „Object Modeling Technique (OMT) ist eine objektorientierte Entwicklungsmethodologie, die Objektmodelle, dynamische und funktionale Modelle (...) verwendet." Das dynamische Modell, das insbesondere ereignisorientierte Interaktionsreihenfolgen definiert, und das funktionale Modell, das die rechnerische Transformation von Werten definiert, ist für die in dieser Arbeit betrachtete Aufgabenstellung nicht notwendig. Die in dieser Arbeit verwendeten Elemente (z.B. Spezialisierung) sind nicht spezifisch für OMT, sondern gelten allgemein für die objektorientierte Modellierung. Schönsleben (1994) S. 22 gliedert in Daten- und Regel- sowie Funktionsmodell.

[343] In der Methodologie der Objektorientierung wird dies als Analyse bezeichnet. Sie ist frei von Implementierungskonzepten (siehe Rumbaugh (1993) S. 4).

Zuordnung von Aufträgen zu Ressourcen, des Ressourceneinsatzes und der Verfügbarkeit von Ressourcen definiert, auf deren Basis Ziel- und Nutzenfunktionen zur Festlegung des Optimierungsinteresses der Kapazitätsabstimmung definiert werden können. Kapitel 6.2.1 behandelt das statische Abstimmungsproblem bezogen auf einen Planungszeitabschnitt, während Kapitel 6.2.2 eine Erweiterung auf mehrere Perioden vornimmt und insbesondere periodenübergreifende Wechselwirkungen in Form von Änderungen des Ressourceneinsatzes und der Kumulation der Einsatzzeit der Ressourcen betrachtet. In Kapitel 6.1 werden die zur Datenversorgung potentiell notwendigen Objekte des betrieblichen Informationsmodells identifiziert, insbesondere Ressourcen, Aufträge und Beziehungen zwischen diesen. Kapitel 6.1.3 stellt Konstrukte zur Definition des zeitlichen Verlaufs von Bedarf, Verfügbarkeit, Belegung und Bestand zur Verfügung. Kapitel 6.3 definiert die Modelltransformation und stellt Verfahren zur Verfügung, mit denen Kapazitätsbedarf und Kapazitätsangebot mit zunächst unterschiedlichem Bezug auf die gleiche Ressource, i.d.R. Leistungseinheiten, normiert werden können.

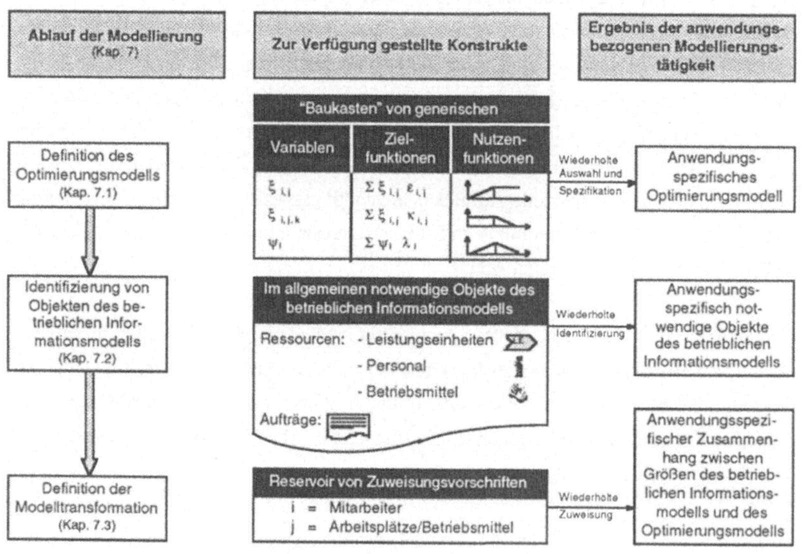

Bild 5-3:   Bestandteile und Anwendung des neuen Lösungsansatzes

Die Anwendung, d.h. der Ablauf der Erstellung eines anwendungsspezifischen individuellen Modells mittels der in Kapitel 6 bereitgestellten generischen Konstrukte, ist Inhalt von Kapitel 7 (siehe Bild 5-3). Der Gesamtablauf beginnt mit der Definition des Optimierungsmodells (Kap. 7.1), da dieses die Zielsetzung der Modellierung und somit auch die notwendige Datenversorgung bestimmt. Der Problemtyp legt fest, ob eine Zuordnungsaufgabe, d.h. Auftragszuordnung oder örtlicher Ressourceneinsatz, und/oder eine Anpassungsaufgabe, d.h. die Variation des zeitlichen Ressourceneinsatzes, gelöst werden muß und ob sich die Betrachtung auf eine oder mehrere Perioden bezieht. Danach können Variablen, Zielfunktionen und Nutzenfunktionen definiert werden. In Kapitel 7.2 wird dargelegt, wie das zur Datenversorgung notwendige Objektmodell innerhalb des betrieblichen Informationsmodells abgegrenzt werden kann. Dieses umfaßt i.d.R. die zu betrachtenden Ressourcen, Artikel und Aufträge sowie deren Beziehungen untereinander, vor allem hinsichtlich der organisatorischen Gliederung und des qualitativen und quantitativen Ressourceneinsatzes. Die Transformation der Daten des betrieblichen Objektmodells in die Daten des eigentlichen Optimierungsmodells ist Inhalt von Kapitel 7.3.

Das entwickelte Modell deckt die in Kapitel 3 gestellten Anforderungen ab. Wie in Kapitel 2.2 und 3.1 ausgeführt, dient das Modell zur Definition einer Klasse von Zuordnungs und Anpassungsaufgaben im Rahmen der Kapazitätsabstimmung. Es kann jedoch keine einfache Prämissenliste[344] für den Einsatz aufgestellt werden. Da die Forderung, alle Zuordnungs- und Anpassungsprobleme vollständig abbilden zu können, nicht erfüllbar ist, wurde das Modell so angelegt, daß der gebildete Klassenbaum durch die objektorientierte Methode der Spezialisierung um weitere Klassen erweitert und so die Anwendungsbreite des Modells im Praxiseinsatz erweitert werden kann. Weitere Grenzen des Modells werden durch die Notwendigkeit der Existenz einer guten Datengrundlage gezogen, wobei die Daten in den verwendeten betrieblichen PPS-Systemen i.d.R. vorhanden, aber von unterschiedlicher Qualität, sind (siehe Kapitel 2.2).

Leistungsfähige Standard-Softwaresysteme zur Optimalplanung sind - wie in Kapitel 4.1.2 gezeigt - vorhanden, d.h. Lösungsfindung und -bewertung als Folgeschritte der Modellierung können auch bei „großen" Modellen i.d.R. gesichert werden. Grenzen für die Anwendung des geschaffenen Modells ergeben sich daraus, daß Standard-Softwaresysteme zur Optimalplanung hinsichtlich der Modelle nicht hinreichend standardisiert offen sind, obwohl ein Standard für die Modellübergabe existiert[345]. Dies stellt jedoch ein rein technisches und produktpolitisches, kein grundsätzliches Problem dar. In Kapitel 8 wird für ein betriebliches Anwendungsbeispiel die Kette der Problemlösung von der

---

[344] Siehe Müller-Merbach (1979) S. 20f.

[345] Das Optimierungsmodell wird dabei in einem standardisierten Matrixformat, dem MPS-Format übergeben (siehe XPRESS-MP (1993) S. 234).

Modellierung in einer objektorientierten Umgebung über die Übergabe des Modells an ein Standard-Softwaresysteme zur Optimalplanung bis hin zur Datenversorgung erprobt.

6   Elemente des generischen Optimierungsmodells

Das generische Optimierungsmodell und seine Datenversorgung für Zuordnungs- und Anpassungsaufgaben im Rahmen der Kapazitätsabstimmung ist gemäß Bild 2.3-4 zu gliedern in das

- Objektmodell, genauer Objektklassenmodell, das die relevanten Elemente des betrieblichen Informationsmodells umfaßt, das

- Optimierungsmodell, das die Zuordnungs- oder Anpassungsaufgabe mit Hilfe von Variablen sowie Ziel- und Nutzenfunktionen in einer mathematischen Formulierung beschreibt, und in die

- Modelltransformation, die die Verbindung zwischen dem Objektmodell des betrieblichen Informationsmodells und dem Optimierungsmodell herstellt.

Für jedes dieser Teilmodelle werden in Kapitel 6 generische Konstrukte entwickelt, die mittels Auswahl, Spezialisierung und Instantiierung die Abbildung anwendungsfallspezifischer Zuordnungs- und Anpassungsaufgaben erlauben, speziell die Zuordnung von Aufträgen zu Maschinen oder Leistungseinheiten, den Einsatz von Personal oder Werkzeugen an Maschinen und die Anpassung der Verfügbarkeit von Ressourcen, speziell des Personals.

6.1   Objektmodell als Teil des betrieblichen Informationsmodells

Das Objektmodell dient der ziel- und aufgabenorientierten Beschreibung des Produktionssystems, d.h. es muß genau die Komponenten, Zustände und Relationen enthalten, die zur Datenversorgung für Zuordnungs- und Anpassungsaufgaben notwendig[346] sind. Gemäß dem Prinzip der objektorientierten Modellierung werden im folgenden generische Bausteine als Objektklassen - oder kürzer Objekte - definiert, die bei Bedarf spezialisiert werden. Zur Modellierung von anwendungsfallspezifischen Zuordnungs- und Anpas-

---

[346] Das hier definierte Objektmodell ist damit nur Teil des betrieblichen Informationsmodells. Eine vollständige und ausführliche Darstellung findet sich in Schönsleben (1994) S. 82ff.

sungsaufgaben sind konkretisierte Bausteine notwendig. Diese gehen durch Instantiierung aus den Objektklassen hervor und werden hier an Beispielen erläutert.

Das Objektmodell wird zunächst für statische Elemente[347] (Kapitel 6.1.1) aufgebaut und durch die Zeit (Kapitel 6.1.2.) zum dynamischen Objektmodell (Kapitel 6.1.3) erweitert.

6.1.1   Statisches Objektmodell

Das statische[348] Objektmodell umfaßt die im Sinne der Aufgabenstellung planungsrelevanten Komponenten, d.h. Ressourcen und Artikel, sowie ihre Eigenschaften und Relationen zunächst ohne einen Zeit- oder Mengenbezug. Gemäß Bild 6.1-1 lassen sich statische Objekte spezialisieren[349] in Ressourcen, Artikel und Strukturen über Ressourcen und Artikeln.

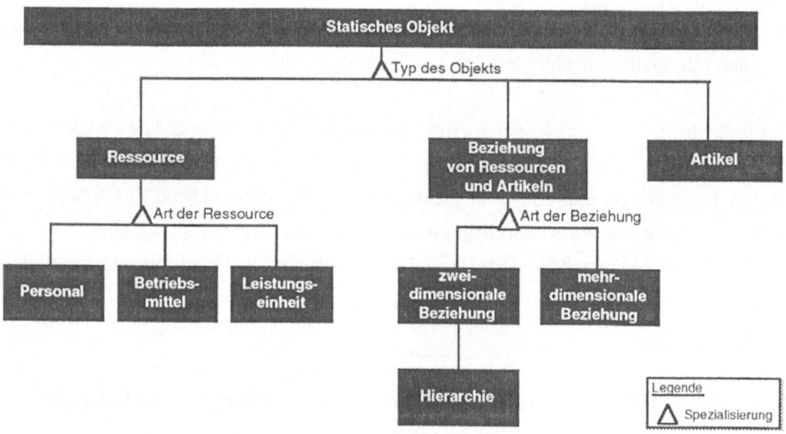

Bild 6.1-1:   Gliederung des statischen Objektmodells

---

[347] Siehe Braun (1994) S. 71 und DIN 19236 S. 2.

[348] Als statisch sollen die Eigenschaften bezeichnet werden, die sich über einen längeren Zeitraum, d.h. den betrachteten Planungshorizont, nicht ändern.

[349] Das Dreieck wird gemäß Rumbaugh (1993) S. 49 als Notation für Spezialisierung/ Generalisierung verwendet („is a"-Assoziation). Die Darstellung von Objektklassen in dieser Arbeit weicht aus Gründen der Lesbarkeit von den Konventionen in Rumbaugh (1993) in geringem Maße ab. Zur Darstellung siehe auch Schönsleben (1994) S. 43 und S. 50-54.

6.1.1.1 Ressourcen und Artikel

Als Ressourcen werden gemäß Kapitel 2.2 Personal und Betriebsmittel einschließlich ihrer Zusammenfassung nach beliebigen Kriterien zu Leistungseinheiten definiert. R bezeichne die Menge aller Ressourcen[350]:

$$R := \{R_r \mid r = 1, \ldots R\}$$

Eine Ressource der realen Welt ist grundsätzlich dann als einzeln im Modell ansprechbare Instanz einer Objektklasse, d.h. als eine Arbeitskraft oder ein Betriebsmittel[351], zu modellieren, wenn diese die Leistung des Produktionssystems begrenzt oder die Kosten wesentlich determiniert[352], und wenn hinsichtlich der Aufgabenstellung Kapazitätsabstimmung und/oder Ressourceneinsatz Entscheidungsfreiheit und damit auch Planungsnotwendigkeit besteht. Ressourcen, die nicht einzeln planungsrelevant sind, können als Bestandteil einer zusammengesetzten Ressource, d.h. einer Leistungseinheit, aufgefaßt werden. Welche der Ressourcen jeweils planungsrelevant sind, hängt vom jeweiligen konkreten Anwendungsfall[353] ab.

Von den Eigenschaften der Ressourcen eines realen Produktionssystems sind jene als Attribute und Ausprägungen abzubilden, die für die Zuordnungs- und Anpassungsaufgaben relevant sind, d.h. solche, die das Leistungsvermögen einer Ressource in qualitativer oder quantitativer Weise oder die die Zuordnungsmöglichkeiten von Ressourcen und Artikeln zueinander beschreiben[354], d.h die Einsatzmöglichkeiten der Ressourcen. Die Menge M („Merkmale") bezeichne alle diese Attribute:

$$M := \{M_m \mid m = 1, \ldots M\}$$

---

[350] Im folgenden soll ein Objekt, d.h. eine Objektklasse, mit der Menge seiner Instanzen identifiziert werden. Der Sprachgebrauch ist in der deutschen und englischsprachigen Literatur nicht konsistent. Objekt hat in der deutschen Literatur eher die Bedeutung von Instanz, wohingegen der Begriff „object" in der englischsprachigen Literatur eher die Bedeutung einer Klasse hat. Siehe auch Schönsleben (1994) S. 41.

[351] Eine weitere Spezialisierung und Beschreibung der Ressourcen ist möglich, soll jedoch im Rahmen dieser Arbeit nicht verfolgt werden. Siehe dazu Schönsleben (1994) S. 86-94.

[352] Siehe Braun (1994) S. 71.

[353] Siehe dazu Kapitel 2.2. Das Festlegen der planungsrelevanten Ressourcen ist eine nicht-triviale Aufgabe bei der Modellbildung (siehe König (1997b) S. 70).

[354] In der vorliegenden Arbeit wird das qualitative Leistungsvermögen in Beziehungen (z.B. Eignung) verarbeitet, die auf einem Vergleich des qualitativen Leistungsvermögens mit dem qualitativen Leistungsbedarf fußen (siehe Kapitel 6.1.1.2).

In dieser Arbeit wird als statisches Attribut die Mengeneinheit zur Erfassung des quantitativen Leistungsvermögens bzw. -bedarfs einer Ressource benötigt. Daher wird das Kapazitätsmaß mit den Ausprägungen KME_e als explizites Merkmal definiert. Die zulässigen möglichen Ausprägungen des Merkmals (z.B. Zeit in Minuten oder Stunden, Stück, Meter, kg...) werden in der Menge KME zusammengefaßt:

$$KME := \{KME_e \mid e = 1, \ldots E\}$$

Unter dem Begriff „Artikel" werden alle Produkte, Baugruppen, Einzelteile und Materialien[355] subsummiert, die in dem betrachteten Produktionssystem hergestellt oder bearbeitet werden können (siehe Kapitel 2.2).

$$A := \{A_a \mid a = 1, \ldots A\}$$

Artikel treten als ressourcenverwendende oder -verbrauchende Komponenten[356] im Modell auf, d.h. Bedarfe für Artikel sind die ursächlichen Auslöser für direkte oder indirekte Ressourcenverwendung.

6.1.1.2 Beziehungen von Ressourcen und Artikeln

Ein komplexes Produktionssystem wird außer durch die Komponenten und deren Zustände durch die Relationen oder Beziehungen[357] der Komponenten zueinander beschrieben. Die Beziehungen machen inhaltliche Aussagen unterschiedlicher Art über das Zusammenwirken der Komponenten. Sie sind somit bezüglich der Aussage und der formalen Beschreibung vielfältiger Natur. Komponenten des Modells sind i.d.R. gleichzeitig über mehrere unterschiedliche Relationen miteinander vernetzt. Eine Beziehung wird durch die Angabe der beteiligten Komponenten im Beziehungsteil und der Beschreibung dieser Beziehung mittels Attributen im Beschreibungsteil definiert. Für die Aufgabenstel-

---

[355] Vgl. Schönsleben (1994) S. 82-86. Der Begriff Artikel (oder „item") wird hier sehr weit verstanden, d.h. auch das definierte Ergebnis eines Arbeitsganges wird als Artikel aufgefaßt oder die Zusammenfassung von unterschiedlichen Teilen als Pseudobaugruppe.

[356] Das hier vorgestellte generische Modell ist auch im Rahmen der Organisationsentwicklung bei der Zuordnung von Aufgaben zu Organisationseinheiten oder Personen anwendbar. Hierzu sind Aufgaben als Artikel und Organisationseinheiten oder Personen als Ressourcen aufzufassen. Die Konstrukte können in der vorgestellten oder ähnlicher Form verwendet werden.

[357] Siehe VDI (1993) S. 3 und DIN 19226 S. 3. Rumbaugh (1993) S. 34ff verwendet den Begriff „Assoziation". Siehe auch Schönsleben (1994) S. 45.

lung der Modellierung von Zuordnungs- und Anpassungsaufgaben sind quantifizierte Attribute ausreichend, da sich das Ziel der Optimalplanung quantifizieren läßt. Formal wird eine Beziehung dadurch definiert, daß die Objekte angegeben werden, über die eine Aussage getroffen werden soll. Für jede geordnete Kombination der Instanzen wird dann eine numerische Bewertung dieser Kombination festgelegt: Seien S^1, ..., S^n beliebige aber feste Teilmengen (Sets) von Ressourcen oder Artikeln. Eine Beziehung B_b ist eine Abbildung des Kreuzprodukts dieser Mengen in die Reellen Zahlen:

$$B_b: \quad S^1 \ x \ ... \ x \ S^n \quad \longrightarrow \quad \mathfrak{R}$$

$$(s^1_{i1}, ..., s^n_{in}) \quad \longmapsto \quad B_{b, i1, ..., in} := B_b (s^1_{i1}, ..., s^n_{in})$$

Bei der Beschreibung komplexer Produktionssysteme genügt die Angabe nur einer Beziehung nicht, es sind eine Vielzahl von Beziehungen parallel notwendig, wobei jede Beziehung eine definierte Aussage macht, deren Inhalt sich von der Aussage anderer Beziehungen unterscheidet. Daher wird die Menge $B := \{B_b \mid b = 1, \ldots B\}$ aller Beziehungen B_b definiert. Die Beziehungen lassen sich nach formalen Kriterien weiter klassifizieren[358], beispielsweise nach der Anzahl n der Mengen im Beziehungsteil in zweidimensionale oder mehrdimensionale Beziehungen oder nach der Menge im Beschreibungsteil in binäre, d.h. mit einer Einschränkung der Zielmenge in die Menge $\{0, 1\}$, oder nicht-binäre Beziehungen. Bild 6.1-2 enthält die in Kapitel 3.2 geforderten zweidimensionalen Relationen als Instanzen des Objekts Beziehung. Dort ist angegeben, aus welchen Mengen sich der Beziehungsteil zusammensetzt, welche Einträge im Beschreibungsteil erlaubt sind und wie dieser zu interpretieren ist.

---

[358] Eine Übersicht über Beziehungen zur Unternehmensplanung ist in Pirron (1996) S. 22ff zu finden.

Menge S^1	Menge S^2	Zielmenge	Interpretation des Beschreibungsteils $B_{b,i1,i2}$
A = Artikel	R = Ressourcen	$\mathfrak{R}_+$	(Direkter) Ressourcenbedarf: Dauer, Kapazitätsbedarf oder Kosten der Erzeugung einer Einheit des Artikels A_i auf der Ressource R_2
A = Artikel	R = Ressourcen	$\{0, 1\}, \mathfrak{R}_+$	Eignung oder Prozeßfähigkeit: Eignung der Ressource R_2 für die Herstellung des Artikels A_{i1}
R = Ressourcen	R = Ressourcen	$\mathfrak{R}_+$	(Indirekter) Ressourcenbedarf IDR: Ressource R_{i1} benötigt zur Zuverfügungstellung einer Einheit seiner Kapazität x Kapazitätseinheiten der Ressource R_{i2} für die Herstellung eines Artikels
R = Ressourcen eingeschränkt auf Arbeitskräfte	R = Ressourcen ohne Arbeitskräfte	$\{0, 1\}$ bzw. $[0, 1]$	Eignung/Neigung: Grad der Eignung/Neigung der Arbeitskraft R_{i1} für die Bedienung der Ressource R_2 bzw. für den Einsatz in der Leistungseinheit R_2
R = Ressourcen eingeschränkt auf Arbeitskräfte	R = Ressourcen ohne Arbeitskräfte	$\mathfrak{R}_+$	Anlernkosten: Kosten für das Anlernen der Arbeitskraft R_{i1} auf der Ressource R_{i2} bzw. für den Einsatz in der Leistungseinheit R_2
R = Ressourcen ohne Arbeitskräfte	R = Ressourcen ohne Arbeitskräfte	$\mathfrak{R}_+$	Rüstaufwand: Aufwand (Zeit oder Kosten) für das Aufrüsten bzw. Abrüsten der Ressource R_{i1} mit der Ressource R_{i2} (Werkzeugwechsel)
R = Ressourcen eingeschränkt auf Arbeitskräftegruppen	R = Leistungseinheit	$\{0, 1\}$	Komplementärgruppe, Springergruppe: Arbeitskräftegruppe R_{i1} ist Komplementärgruppe bzw. Springergruppe für die Leistungseinheit R_{i1}

Bild 6.1-2: Zur Abbildung der Zuordnungs- oder Anpassungsaufgabe notwendige zweidimensionale Relationen[359]

Durch die Kombination von Beziehungen ist es möglich, komplexe Zuordnungsaufgaben abzubilden. In Bild 6.1-3 ist beispielhaft dargestellt, daß zur Bearbeitung von Artikeln eine geeignete, d.h. prozeßfähige Anlage in bestimmter Menge notwendig, d.h. ein Ressourcenbedarf[360] vorhanden ist. Die Arbeitsplätze dieser Anlage sind durch geeignete und geneigte Arbeitskräfte zu besetzen, wobei Anlernkosten zu berücksichtigen sind.

---

[359] Zur Definition des Ressourcenbedarfs (Einzelzeit bzw. Rüstzeit) siehe Schönsleben (1998) S. 82 und S. 674, zur Definition von Springer- und Komplementärgruppe siehe Braun (1994) S. 44.

[360] Nach Art und „Menge" der benötigten Ressourcen. Der Ressourcenbedarf ist hier periodenunabhängig definiert, wird jedoch in Kapitel 6.1.3 mit einem Zeitbezug versehen. Die Dauer wird üblicherweise im

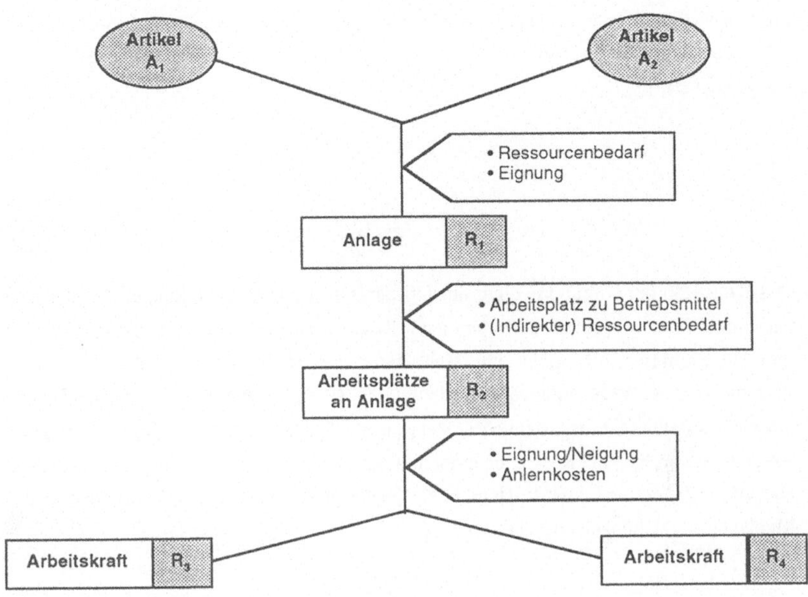

Bild 6.1-3:   Anwendung der Beziehungen zur Abbildung einer komplexen Zuordnungsaufgabe

Die Beziehung ist bei n=2 Mengen als Beziehungsmatrix darstellbar. Mehrdimensionale Relationen werden dann benötigt, wenn mehr als zwei Komponenten in Beziehung stehen und diese Beziehung nicht als Summe mehrerer unabhängiger zweidimensionaler Relationen dargestellt werden kann. Eine Spezialisierung der zweidimensionalen Beziehung ist die Hierarchie[361] von Ressourcen. Personal, Betriebsmittel und Leistungseinheiten sind gemäß einer hierarchischen Baumstruktur gegliedert. Diese zeichnet sich formal dadurch aus, daß jeder Ressource, außer der Wurzel, diejenige Ressource zugeordnet wird, die - in einem definierten Sinn - über ihr steht. Hierarchien sind daher spezielle Beziehungen von genau zwei identischen Mengen mit einer in der Regel

---

Arbeitsplan angegeben, z.B. als Einzelzeit t_e (siehe Vollmer (1996) S. 65). Der Kapazitätsbedarf wird angegeben in einer ressourcentypischen Maßeinheit KME_e (z.B. Zeit, Stück, siehe auch 6.1.3). Zu den Kostenbegriffen siehe Vollmer (1996) S. 46.

[361] Siehe Schönsleben (1994) S. 54-57. Dort wird abweichend von dieser Arbeit ein Dreieck als Symbol für Hierarchie verwendet.

binären[362] Bewertung. Sei S^1 eine beliebige aber feste Teilmenge von Ressourcen. Eine Hierarchie H_h ist eine Abbildung[363] des Kreuzprodukts dieser Menge mit sich selber in die Menge $\{0, 1\}$.

$$H_h: \qquad S^1 \times S^1 \qquad \dashrightarrow \quad \{0, 1\}$$

$$(s^1{}_1, s^1{}_2) \qquad \mapsto \quad H_{h, s1, s2} := H_h(s^1{}_1, s^1{}_2)$$

Das Konstrukt der Hierarchie dient dazu, organisatorische Unterstellungen[364] oder eine Zusammenfassung technologisch ähnlicher Ressourcen abzubilden. Es genügt auch bei den Hierarchien i.d.R. nicht, nur eine Hierarchie zu betrachten, sondern es sind verschiedene Hierarchien gleichzeitig abzubilden. $H := \{H_h \mid h = 1, \dots H\}$ sei die Menge aller Hierarchien über der Menge der Ressourcen. Daher ist stets anzugeben, bezüglich welcher Hierarchie eine Ressource einer anderen Ressource übergeordnet sein soll. Jede Hierarchie H_h ist auch eine Beziehung B_b. Daher ist die Menge der Hierarchien in der Menge der Beziehungen enthalten: $B \supset H$.

6.1.2   Zeitmodell

Da jede Planung auf die Zukunft gerichtet ist[365], erfordert ein Optimierungsmodell für Zuordnungs- und Anpassungsaufgaben im Rahmen der Kapazitätsabstimmung eine Abbildung der Zeit. Für diese Problemstellung eignet sich gemäß Kapitel 3.1 die Betrachtung von Zeiträumen, da das Kapazitätsangebot und der -bedarf der Ressourcen periodenorientiert[366] anzugeben ist. Die Feinheit der Rasterung des Zeitstrahls hängt direkt vom gewünschten Detaillierungsgrad der Planung ab[367]. Das generische Modell muß

---

[362] Falls Ressourcen mehreren Ressourcen gleichzeitig unterstellt werden sollen (Matrixorganisation), ist eine reelle Bewertung zwischen null und eins oder eine mehrfache Beziehung zulässig.

[363] Die Abbildung H_h muß den Anforderungen eines hierarchischen Baumes genügen, insbesondere der Zyklusfreiheit.

[364] Siehe auch Schönsleben (1998) S. 672. Braun (1994) S. 73-77 gliedert Arbeitsplätze hierarchisch in Arbeitsplätze, Arbeitsplatzlinien, Arbeitsplatzgruppen, Produktionsbereiche und das Produktionssystem. Mitarbeiter werden von Braun in Arbeitnehmer, Personalgruppen, Produktionsbereiche und das Produktionssystem gegliedert.

[365] Siehe REFA (1978) S. 10.

[366] Siehe Schönsleben (1994) S. 92 ff.

[367] Braun (1994) S. 46 nennt für die mittelfristige Planung der Personalkapazitätsanpassung beispielsweise das Monats-, Wochen-, Tages- und das Stundenraster. Siehe auch Schönsleben (1994) S. 155f.

gemäß Kapitel 3 mehrere Detaillierungsgrade gleichzeitig abdecken können. Daher wird das Objekt Periode definiert als Menge definierter Intervalle des Zeitstrahls. Eine Periode wird spezialisiert in verschiedene Zeitsysteme Z_z[368]. Ein Zeitsystem Z_z umfaßt alle Perioden gleicher Art und Länge. Da die zeitliche Reichweite einer Planung begrenzt ist, ist die Anzahl der Perioden (Instanzen) eines Zeitsystems Z_z endlich und soll im folgenden als Planungshorizont mit $T(z)$ bezeichnet werden. Die Perioden eines Zeitsystems sollen als Planungszeitabschnitte $PZA_{z,t}$ bezeichnet werden:

$$Z_z := \{PZA_{z,t} \mid t = 1, \ldots T(z)\}$$

Z bezeichne die Menge aller Zeitsysteme, T bezeichne die Vereinigung aller Planungszeitabschnitte aller Zeitsysteme (Bild 6.1-4):

$$Z := \{Z_z \mid z = 1, \ldots Z\}. \quad T := \cup_z Z_z$$

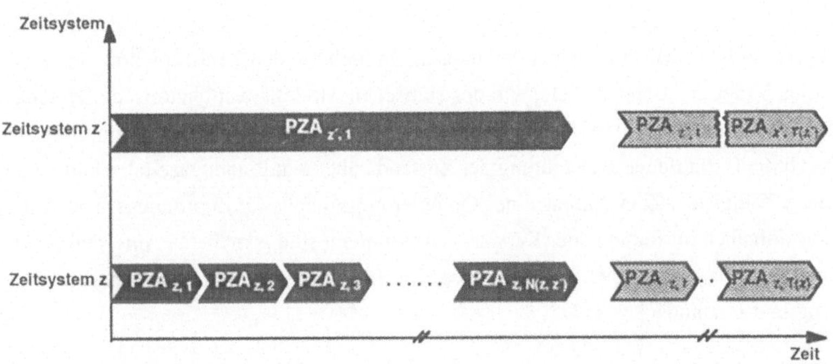

Bild 6.1-4:   Hierarchie der Planungszeitabschnitte

Da die Kapazitätsabstimmung eine gleichzeitige Betrachtung mehrerer unterschiedlich feiner Zeitsysteme erfordert, ist eine Struktur über den Instanzen, d.h. den konkreten Planungszeitabschnitten der unterschiedlichen Zeitsysteme, zu definieren. Wenn man o.B.d.A. davon ausgeht, daß eine Aggregation oder Detaillierung von Zustandsgrößen zwischen zwei Zeitsystemen dann notwendig wird, wenn die Grenzen der Perioden ver-

---

[368] Siehe Unbehauen (1993) S. 2 und Pichler (1975) S. 42. Ein Zeitsystem besteht aus einer vollständig geordneten Menge von Perioden mit einer Startperiode.

schiedener Zeitsysteme zusammenfallen[369], läßt sich die Struktur über den Instanzen der Zeitsysteme weiter beschreiben: Ein Planungszeitabschnitt $PZA_{z',t'}$ des Zeitsystems $Z_{z'}$ umfaßt mehrere Planungszeitabschnitte $PZA_{z,t}$ des Zeitsystems Z_z. Damit entspricht die Struktur über den Instanzen der Zeitsysteme, d.h. den Planungszeitabschnitten, einer Hierarchie. Diese soll als HZ bezeichnet werden ($H \ni HZ$).

$$HZ: \qquad \mathbf{Z}_z \times \mathbf{Z}_{z'} \qquad \longrightarrow \quad \{0,\ 1\}$$

$$(PZA_{z,t},\ PZA_{z',t'}) \quad \longmapsto \quad HZ\ (PZA_{z,t},\ PZA_{z',t'})$$

Falls $HZ\ (PZA_{z,t},\ PZA_{z',t'}) = 1$ ist, gehört der Planungszeitabschnitt $PZA_{z,t}$ des Zeitsystems Z_z zum Planungszeitabschnitt $PZA_{z',t'}$ des Zeitsystems $Z_{z'}$.

6.1.3 Dynamisches Objektmodell

Das dynamische Modell ergänzt das statische Modell um den Zeitbezug und die Menge, d.h. es bildet auf Basis der Objekte des statischen Modells zeitdynamische Systemzustände ab, wobei vor allem die quantitativ beschriebenen Zustände zeitveränderlich sind. Durch die fortlaufende Betrachtung der Zustände über den Planungszeitabschnitten entstehen Zeitleisten. Zum Aufbau eines Optimierungsmodells für Zuordnungs- und Anpassungsaufgaben im Rahmen der Kapazitätsabstimmung sind gemäß den Anforderungen in Kapitel 3.2 folgende Objektklassen notwendig (Bild 6.1-5): Bedarf, Verfügbarkeit, Belegung und Bestand[370].

---

[369] bzw. als zusammenfallend betrachtet werden. Falls die Grenzen wie bei Wochen und Monaten nicht zusammenfallen, ist sowohl die Aggregation, als auch die Detaillierung nur mit der Annahme einer Gleichverteilung der anfallenden Größen durchführbar.

[370] Siehe Braun (1994) S. 81. Aus Bedarf und Verfügbarkeit wird im Rahmen des Planungsprozesses die Belegung einzelner Ressourcen erzeugt. Die Definitionen folgen den Ausführungen von Braun (1994) S. 84, indem sie Verfügbarkeit von Kapazitäten (im Sinne von in einem Planungszeitabschnitt neu verfügbar werdender Kapazität) und Bestand (im Sinne von Verfügbarkeit abzüglich Verbrauch) unterscheiden. Ein Bestand kumuliert im Gegensatz zur Verfügbarkeit Bestände über der Zeit. Bestand erlaubt die Fortschreibung eines Kapazitätsbestands von einer Periode zur folgenden, d.h. die Kapazität „verfällt" nicht, sondern wird „gespeichert". Dies ist u.a. zur Abbildung von Arbeitszeitkonten für Mitarbeiter oder Standzeiten von Werkzeugen erforderlich. Diese Unterscheidung wird von REFA (1991) S. 182ff nicht unterstützt: REFA bezeichnet die Verfügbarkeit ebenfalls als Bestand. Die in dieser Arbeit verwendete Definition ist daher als Verfeinerung der Definition von REFA zu verstehen.

Das Objekt „Bedarf Artikel" gibt den Bedarf an Artikeln pro Planungszeitabschnitt an, wobei dieser Bedarf auch in Form mehrerer Aufträge[371] für den gleichen Artikel differenziert werden kann. Sei $O := \{O_o \mid o = 1, \ldots O\}$ die Menge aller betrachteten Aufträge. Die Abbildung BA (Bedarf Artikel) wird dadurch definiert, daß für jeden Auftrag angegeben wird, welcher Artikel A_a in welchem Planungszeitabschnitt $PZA_{z,t}$ in welcher Menge $BA_{o,a,z,t}$ beauftragt wird.

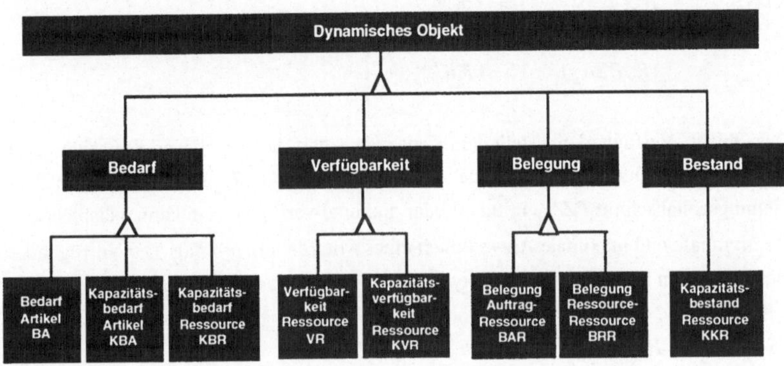

Bild 6.1-5:   Gliederung des dynamischen Objektmodells

$$BA: \qquad O \times A \times T \qquad \dashrightarrow \quad |N_0$$

$$(O_o, A_a, PZA_{z,t}) \qquad |\!-\!> \quad BA_{o,a,z,t}$$

Der „Kapazitätsbedarf Artikel" ist die geforderte dynamische Erweiterung der Beziehung „Ressourcenbedarf" aus Bild 6.1-2 und ermöglicht es, den in der ressourcenbezogenen Kapazitätsmaßeinheit KME_e ausgedrückten Ressourcenbedarf $KBA_{a,r,z,t}$, beispielsweise die Einzelzeit, eines Artikels A_a (bezogen auf 1 Stück) an der Ressource R_r zeitabschnittsbezogen, d.h. pro Planungszeitabschnitt $PZA_{z,t}$ zu führen. Er wird so zu einer zeitveränderlichen Größe und ist damit geeignet, Lerneffekte abzubilden.

$$KBA: \qquad A \times R \times T \qquad \dashrightarrow \quad \Re_0^+$$

$$(A_a, R_r, PZA_{z,t}) \qquad |\!-\!> \quad KBA_{a,r,z,t}$$

---

[371] Vgl. Schönsleben (1994) S. 116.

Im Rahmen der Belegungsrechnung, d.h. der Zuordnung von Aufträgen zu Ressourcen (siehe Kapitel 2.2), wird der Kapazitätsbedarf an Ressourcen ermittelt[372] und in der ressourcenbezogenen Kapazitätsmaßeinheit KME_e angegeben. Der „Kapazitätsbedarf Ressource" bezeichnet mittels $KBR_{r,z,t}$ den über alle zugeordneten Aufträge summierten Bedarf an Kapazität der Ressource R_r im Planungszeitabschnitt $PZA_{z,t}$

$$KBR: \qquad R \times T \qquad \longrightarrow \quad \mathfrak{R}_0^+$$

$$(R_r, PZA_{z,t}) \quad \longmapsto \quad KBR_{r,z,t}$$

Das Objekt „Verfügbarkeit" stellt dem Kapazitätsbedarf das Angebot an Kapazität gegenüber. Die „Verfügbarkeit Ressource" gibt an, wie lange ($VR_{r,z,t}$) eine Ressource R_r pro Planungszeitabschnitt $PZA_{z,t}$ minimal oder maximal verfügbar sein kann, beispielsweise die minimale und maximale Anwesenheit eines Mitarbeiters pro Tag. Die Verfügbarkeit wird mit einem rein zeitlichen Maß, typischerweise in Stunden, gemessen.

$$VR: \qquad R \times T \qquad \longrightarrow \quad \mathfrak{R}_0^+ \times \mathfrak{R}_0^+$$

$$(R_r, PZA_{z,t}) \quad \longmapsto \quad (VR_{r,z,t,min}, VR_{r,z,t,max})$$

Da der Kapazitätsbedarf und das Kapazitätsangebot, um für die Kapazitätsabstimmung vergleichbar zu sein, in der gleichen Maßeinheit angegeben werden müssen, und da nach Kapitel 6.1.1.1 nicht immer von der Maßeinheit Stunden ausgegangen werden kann und Verfügbarkeitsfaktoren und Zeitgrade[373] zu berücksichtigen sind, ist es zusätzlich erforderlich, die „Kapazitätsverfügbarkeit Ressource" zu definieren, die angibt, wieviel Kapazität gemessen in Kapazitätsmaßeinheiten[374] eine Ressource R_r pro Planungszeitabschnitt $PZA_{z,t}$ minimal oder maximal zur Verfügung stellen kann.

$$KVR: \qquad R \times T \qquad \longrightarrow \quad \mathfrak{R}_0^+ \times \mathfrak{R}_0^+$$

$$(R_r, PZA_{z,t}) \quad \longmapsto \quad (KVR_{r,z,t,min}, KVR_{r,z,t,max})$$

---

[372] Braun (1994) S. 81 nennt beispielsweise den Personalbedarf pro Arbeitsplatzgruppe oder pro Produktionsbereich. Siehe auch Schönsleben (1994) S. 150.

[373] Siehe Schönsleben (1998) S. 520f. Vgl. Schönsleben (1994) S. 151.

[374] Siehe Schönsleben (1998) S. 85. Beispielsweise kann eine Maschine pro Tag maximal 10.000 Beutel abpacken.

Gemäß Bild 2.2-3 sind im Rahmen der Kapazitätsabstimmung zwei typische Zuordnungsaufgaben durchzuführen, die Zuordnung von Aufträgen zu Ressourcen und der Ressourceneinsatz. Die Zuordnungen werden mittels einer Gegenüberstellung von Bedarf und Verfügbarkeit von Ressourcen im Rahmen einer Belegungsrechnung erzeugt, deren Ergebnis vom Objekt „Belegung"[375] beschrieben wird.

Die „Belegung Auftrag-Ressource" gibt mittels der Variablen $BAR_{o,r,z,t}$ an, welcher Auftrag O_o bzw. welcher mengenmäßige Anteil des Auftrags O_o in welchem Planungszeitabschnitt $PZA_{z,t}$ auf welcher Ressource R_r bearbeitet wird:

$$BAR: \quad O \times R \times T \quad \rightarrow \quad \{0,\ 1\}\ bzw.\ [0;\ 1]\ ^{376}$$

$$(O_o,\ R_r,\ PZA_{z,t}) \quad \mapsto \quad BAR_{o,r,z,t}$$

Die „Belegung Ressource-Ressource" gibt mittels der Variablen $BRR_{r,r',z,t}$ an, welche Ressource $R_{r'}$ in welchem Planungszeitabschnitt $PZA_{z,t}$ welcher Ressource R_r zugeordnet wird, d.h. wo sie eingesetzt wird (z.B. Personaleinsatz):

$$BRR: \quad R \times R \times T \quad \rightarrow \quad \{0,\ 1\}$$

$$(R_r,\ R_{r'},\ PZA_{z,t}) \quad \mapsto \quad BRR_{r,r',z,t}$$

Das Objekt Verfügbarkeit gibt die Verfügbarkeit von Kapazität pro Planungszeitabschnitt im Sinne von neu in diesem Planungszeitabschnitt verfügbar werdend an. Um gemäß der Anforderung in Kapitel 3.2 planungszeitabschnittsübergreifend das Übertragen[377] von Kapazität abzubilden, ist es notwendig, den Bestand von Kapazitäten zu definieren: Der „Kapazitätsbestand Ressource" gibt den über alle Planungszeitabschnitte bis zu einem aktuellen Planungszeitabschnitt $PZA_{z,t}$ „kumulierten"[378] Kapazitätsbestand einer Ressource R_r an (beispielsweise das Arbeitszeitkonto eines Mitarbeiters).

---

[375] Im folgenden sollen die Begriffe Belegung und Zuordnung synonym verwendet werden. Der Begriff Zuordnung, der einen weiteren Bedeutungsumfang hat, erhält hier die Bedeutung der Belegung.

[376] Beispielsweise beim Splitten eines Auftrags oder bei Mehrmaschinenbedienung (Abbildung BRR) muß die Zuordnung anteilig erfolgen. Dann ist als Zielmenge das Intervall [0; 1] zu wählen.

[377] Dies ist beispielsweise notwendig, um Arbeitszeitkonten bei Arbeitskräften abzubilden.

[378] Der Begriff „kumulieren" ist fallweise zu definieren. Dabei ist zu unterscheiden, ob und in welchem Umfang Kapazität auf den folgenden Planungszeitabschnitt übertragen werden darf. Definiert man den kumulierten Kapazitätsbestand (für das Ende) eines aktuellen Planungszeitabschnitts als Summe des kumu-

$$KKR: \quad R \times T \quad \longrightarrow \quad \mathfrak{R}_0^+$$

$$(R_r, PZA_{z,t}) \quad \longmapsto \quad KKR_{r,z,t}$$

Die verwendeten Objekte sind in Bild 6.1-5 zusammenfassend dargestellt. Der Bedarf Artikel gibt den Bedarf an Artikeln in Form von Aufträgen pro Planungszeitabschnitt an. Dieser artikelbezogene Bedarf wird mittels des Kapazitätsbedarfs Artikel in ressourcenbezogene Kapazitätsbedarfe umgerechnet und zum Kapazitätsbedarf Ressource summiert. Während die Verfügbarkeit Ressource die rein zeitliche Verfügbarkeit einer Ressource pro Planungszeitabschnitt angibt, wird diese mittels der Kapazitätsverfügbarkeit Ressource in Kapazitätsmaßeinheiten umgerechnet. Der Kapazitätsbestand Ressource gibt darüber hinaus den über alle Planungszeitabschnitte bis zu einem aktuellen Planungszeitabschnitt kumulierten Kapazitätsbestand einer Ressource an. Zuordnungen werden mittels einer Gegenüberstellung von Bedarf und Verfügbarkeit von Ressourcen im Rahmen einer Belegungsrechnung erzeugt. Die Belegung Auftrag-Ressource gibt an, welcher Auftrag in welchem Planungszeitabschnitt auf welcher Ressource bearbeitet wird, während die Belegung Ressource-Ressource definiert, welche Ressource in welchem Planungszeitabschnitt in welcher Ressource eingesetzt wird.

6.2 Optimierungsmodell zur Definition der Freiheitsgrade und Ziele der Kapazitätsabstimmung

Wie in Kapitel 2.2 herausgearbeitet, treten die Zuordnungsaufgabe und die Anpassungsaufgabe sowohl in einer jeweils reinen als auch in einer kombinierten Form auf. Zusätzlich kann danach unterschieden werden, welcher Zeitraum zu betrachten ist: Statische Modelle betrachten nur eine feste Periode, während dynamische Modelle mehrere, i.d.R. $T(z)$, Perioden in die Untersuchung einbeziehen. Sind keine Wechselwirkungen zwischen den Perioden zu beachten, kann die dynamische Aufgabe dadurch vereinfacht werden, daß sie in mehrere unabhängige statische Aufgaben zerlegt wird, die jeweils nur

lierten Kapazitätsbestands des vorhergehenden Planungszeitabschnitts und des (nicht kumulierten, sondern verfügbar werdenden) Kapazitätsangebots des aktuellen Planungszeitabschnitts abzüglich des Kapazitätsbedarfs des aktuellen Planungszeitabschnitts, so erhält man den Kapazitätsbestand im Sinne der Definition von Braun (1994) S. 81.

eine Periode betrachten. Sind dagegen Wechselwirkungen[379] zwischen den Perioden zu betrachten, ist eine solche Dekomposition nicht zulässig. Es ergibt sich die in Bild 6.2-1 dargestellte Gliederung.

Die Beschreibung der Optimierungsmodelle erfolgt durch die Definition der Modellbestandteile[380], d.h. der Freiheitsgrade in Form von Variablen, der Zielfunktionen, die den Zusammenhang zwischen den Variablen und den verfolgten Zielen definieren, und der Nutzenfunktionen, die die „Wertschätzung" des Entscheiders für Ziele, damit also Präferenzen ausdrücken (Bild 6.2-2).

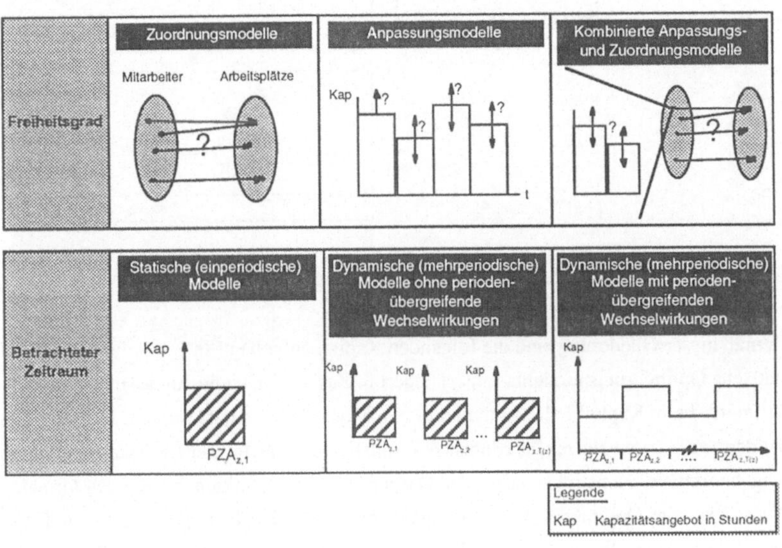

Bild 6.2-1:   Gliederung der betrachteten Optimierungsmodelle

---

[379] Siehe Varga (1991) S. 159. Varga spricht von einem „gegenseitigen Zusammenhang zwischen den Modellen der verschiedenen Zeiträume". Je nach Art des gegenseitigen Zusammenhangs differenziert er in Sprungmodelle, Simultanmodelle, Rekursivmodelle und Keilmodelle, um die spezielle Struktur bei der Lösung auszunutzen (siehe Varga (1991) S. 152).

[380] Siehe Zimmermann (1991) S. 2 und Scherer (1994) S. 3.

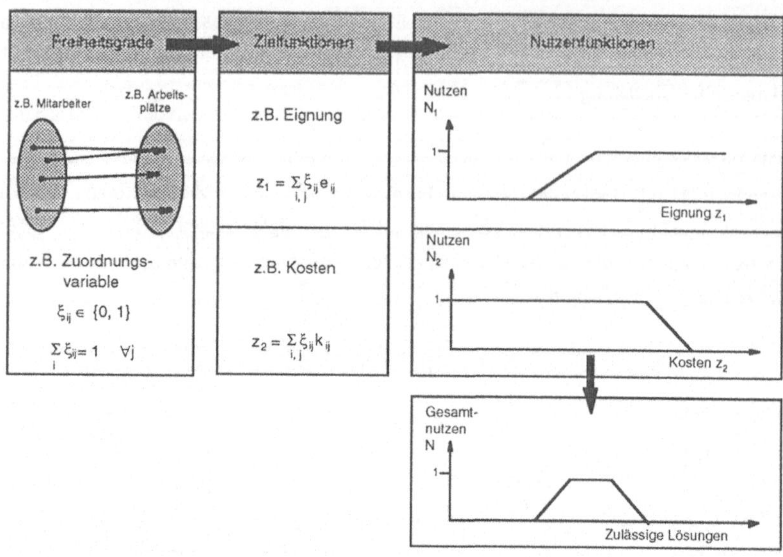

Bild 6.2-2:   Bestandteile der betrachteten Optimierungsmodelle

Gemäß dieser Gliederung sind die folgenden Kapitel aufgebaut: In Kapitel 6.2.1 werden statische Optimierungsmodelle - untergliedert in Zuordnungs- und Anpassungsmodelle - definiert, die in Kapitel 6.2.2 zu dynamischen Modellen erweitert werden. Kapitel 6.2.3 hat den Aufbau von Nutzenfunktionen zum Inhalt. Die Modelle werden jeweils durch die Angabe formaler Konstrukte aufgebaut. Die semantische Definition, bei der den formalen Ausdrücken des Optimierungsmodells aufgabenbezogene Inhalte mit Bezug zum in Kapitel 6.1 definierten Objektmodell als Teil des betrieblichen Informationsmodells zugewiesen werden, ist Bestandteil von Kapitel 6.3.

6.2.1   Statisches Optimierungsmodell

6.2.1.1   Statisches Zuordnungsmodell

Reine Zuordnungsaufgaben zeichnen sich dadurch aus, daß Elemente mehrerer Mengen einander zugeordnet werden müssen, speziell Aufträge zu Maschinen oder Leistungseinheiten sowie Personal oder Werkzeuge zu Maschinen. Der Freiheitsgrad besteht darin, daß Zuordnungen in einer binären Logik getroffen oder nicht getroffen werden bzw. daß eine anteilmäßige[381] Zuordnung durchgeführt wird. Da bei Zuordnungsaufgaben im Rahmen der Kapazitätsabstimmung i.d.R. maximal die Betrachtung von Aufträgen, Maschinen und Personal oder Werkzeugen notwendig ist, wird im folgenden o.B.d.A. die dreidimensionale Zuordnungsaufgabe behandelt. Gegeben seien drei Mengen[382] $S^1 := \{s^1_\alpha \mid \alpha = 1, \ldots A\}$, $S^2 := \{s^2_\beta \mid \beta = 1, \ldots B\}$ und $S^3 := \{s^3_\gamma \mid \gamma = 1, \ldots \Gamma\}$ als Teilmengen der Menge $R := \{R_r \mid r = 1, \ldots R\}$ der Ressourcen oder als Teilmenge der Aufträge $O := \{O_o \mid o = 1, \ldots O\}$. Der Freiheitsgrad der Zuordnung, im folgenden als Zuordnungsvariable bezeichnet, ist somit nicht eine einzelne Variable, sondern eine Menge von $A*B*\Gamma$ Variablen, da für jede Kombination aus je einem Element der drei Mengen angegeben werden muß, ob diese Zuordnung getroffen wird oder nicht bzw. zu welchem Anteil. Die Zuordnungsvariable wird durch die Angabe ihrer Attribute sowie deren zulässigen Ausprägungen, d.h. des Wertebereichs, beschrieben (Bild 6.2-3).

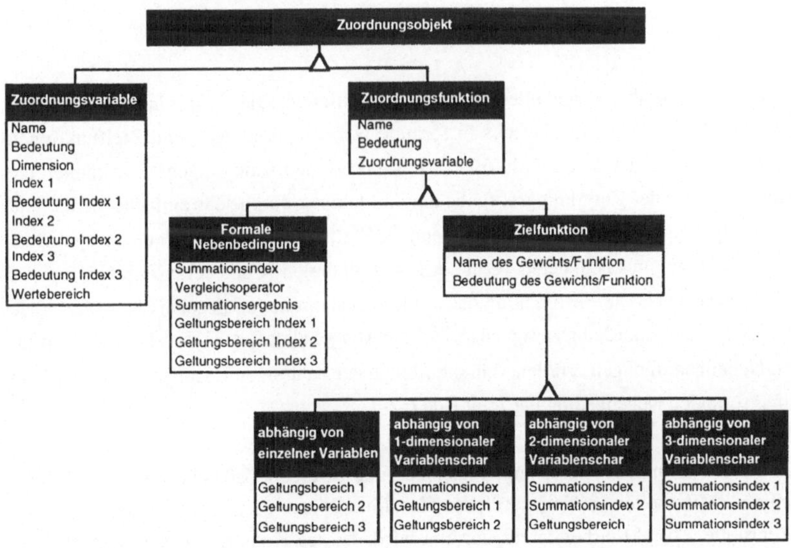

Bild 6.2-3:   Objekte des Zuordnungsmodells

---

[381] Siehe Varga (1991) S. 79 und S. 82.

[382] S^1 werde willkürlicherweise als Menge der fixen Elemente bezeichnet, S^2 und S^3 als Mengen der zuzuordnenden Elemente. Die Anzahl der Mengen wird in dieser Arbeit aus darstellungstechnischen Gründen auf drei beschränkt. Es ist nicht auszuschließen, daß bei praktischen Anwendungsfällen die Zahl der Mengen erhöht werden muß. Die Elemente dieser Mengen werden mit griechischen Buchstaben indiziert, um die Zugehörigkeit zum Optimierungsmodell formal herauszustellen. Elemente des Objektmodells werden dagegen mit lateinischen Buchstaben indiziert.

108

Beispiel 6.2-1: Sei S^1 die Menge der Maschinen, S^2 die Menge der Aufträge und S^3 die Menge der Mitarbeiter. Die dreidimensionale binäre Zuordnungsvariable $(\xi_{\alpha,\beta,\gamma})$ beschreibt die Zuordnung von Aufträgen zu Maschinen und den Einsatz der Mitarbeiter.

Mit Ξ werde der so festgelegte Definitionsbereich der Zuordnungsvariablen als Teilmenge von $\mathfrak{R}^{A\cdot B\cdot\Gamma}$ bezeichnet. Die Freiheitsgrade und Zielfunktionen der Zuordnungsaufgabe werden durch Terme[383] beschrieben, die von den Zuordnungsvariablen abhängen, also Funktionen dieser Zuordnungsvariablen sind. Diese Terme sollen im folgenden als Zuordnungsfunktionen ZOF bezeichnet werden. Für das oben definierte Beispiel ergibt sich folgende formale Definition der Zuordnungsfunktion:

$$ZOF: \qquad \Xi \qquad \longrightarrow \qquad \mathfrak{R}$$

$$\xi = (\xi_{\alpha,\beta,\gamma}) \quad \longmapsto \quad ZOF(\xi)$$

ZOF bezeichne die Menge aller Zuordnungsfunktionen. Diese Zuordnungsfunktionen können hinsichtlich ihres Zwecks in formale Nebenbedingungen und Zielfunktionen **ZOF'** spezialisiert werden (Bild 6.2-3). Formale Nebenbedingungen[384] schränken die Freiheitsgrade der Zuordnungsaufgabe ein und können durch sehr einfache Terme und deren Ergebnis angegeben werden, während die Zielfunktionen inhaltliche Aussagen über eine Zuordnung machen, deren Term i.d.R. komplizierter ist und deren Ergebnis a priori nicht feststeht[385]. Die Bestimmung dieses möglichst optimalen Ergebnisses ist ja gerade der Zweck der Zuordnungsaufgabe. Ξ' sei die Menge aller $\xi \in \Xi$, die sämtliche formalen Nebenbedingungen erfüllen, d.h. die Menge der zulässigen Lösungen. Die Attribute einer formalen Nebenbedingung zeigt Bild 6.2-3.

Durch eine formale Nebenbedingung kann definiert werden, daß bei der Zuordnung Maschine - Mitarbeiter $(\xi' = (\xi'_{\alpha,\beta}))$ jeder Maschine ($\forall\ \alpha$ = Maschine) genau (=) ein (1) Mitarbeiter (β = Mitarbeiter) zugeordnet wird. Dieses Konstrukt ermöglicht darüber hinaus, eine bestimmte feste oder freie Anzahl von Mitarbeitern den Maschinen (Mehrmaschinenbedienung, mehrere Arbeitsplätze an einer Maschine) und bestimmte Mitarbeiter bestimmten Maschinen zuzuordnen (Vorbelegungen, siehe Bild 6.2-4). Kombina-

---

[383] Ein Term ist ein mathematischer Ausdruck, d.h. „eine Zeichenreihe, die durch Verkettung (hintereinander schreiben) gewisser Grundzeichen gebildet wird" (siehe Bronstein (1985) S. 115).

[384] Siehe Scherer (1994) S. 3.

[385] Nebenbedingungen mit vorbelegtem Ergebnis können ebenfalls als Zielfunktionen modelliert werden, wobei die zugehörige Nutzenfunktion entsprechend gebildet werden muß.

tionen der Indizes sind als logisches UND zu interpretieren. Zur Modellierung der formalen Nebenbedingungen des klassischen „personal assignment problems"[386] (Bild 6.2-4), bei dem jeder Maschine genau ein Mitarbeiter und umgekehrt zugeordnet werden muß, sind zwei formale Nebenbedingungen anzulegen. Bei nicht gleichmächtigen Mengen müssen „Strohmänner"[387] eingeführt werden:

- Jeder Maschine wird genau ein Mitarbeiter zugeordnet: $\sum_{\beta} \xi'_{\alpha,\beta} = 1 \quad \forall\, \alpha = $ Maschine

- Jedem Mitarbeiter wird genau eine Maschine zugeordnet: $\sum_{\alpha} \xi'_{\alpha,\beta} = 1 \;\forall\, \beta = $ Mitarbeiter

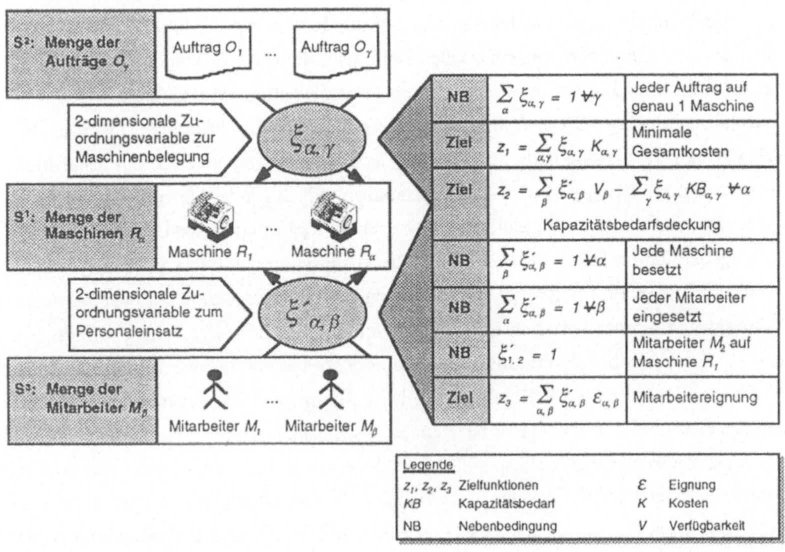

NB / Ziel	Gleichung	Beschreibung
NB	$\sum_{\alpha} \xi_{\alpha,\gamma} = 1\ \forall\gamma$	Jeder Auftrag auf genau 1 Maschine
Ziel	$z_1 = \sum_{\alpha,\gamma} \xi_{\alpha,\gamma}\, K_{\alpha,\gamma}$	Minimale Gesamtkosten
Ziel	$z_2 = \sum_{\beta} \xi'_{\alpha,\beta}\, V_{\beta} - \sum_{\gamma} \xi_{\alpha,\gamma}\, KB_{\alpha,\gamma}\ \forall\alpha$	Kapazitätsbedarfsdeckung
NB	$\sum_{\beta} \xi'_{\alpha,\beta} = 1\ \forall\alpha$	Jede Maschine besetzt
NB	$\sum_{\alpha} \xi'_{\alpha,\beta} = 1\ \forall\beta$	Jeder Mitarbeiter eingesetzt
NB	$\xi'_{1,2} = 1$	Mitarbeiter M_2 auf Maschine R_1
Ziel	$z_3 = \sum_{\alpha,\beta} \xi'_{\alpha,\beta}\, \mathcal{E}_{\alpha,\beta}$	Mitarbeitereignung

Bild 6.2-4:   Beispiel eines kombinierten zweidimensionalen Zuordnungsmodells

Zielfunktionen machen Aussagen darüber, wie gut eine getroffene Zuordnung das Optimierungsziel erfüllt. Sie sind als Spezialisierung von Zuordnungsfunktionen (Bild 6.2-3) Funktionen jeweils einer Schar von Zuordnungsvariablen, im dreidimensionalen Fall

---

[386] Siehe Kossbiel (1992) S. 1662.

[387] Unter einem „Strohmann" wird ein Platzhalter verstanden, der dazu dient, die Mengen S^1 und S^2 gleichmächtig zu machen. Die Zuordnung eines Mitarbeiters zu einem Strohmann, beispielsweise einer Maschine, ist so zu interpretieren, daß der Mitarbeiter keiner Maschine zugeordnet wird (siehe Neumann (1973) S. 307ff und 351f).

einer Schar von $A*B*\Gamma$ Variablen. Die Spezialisierung der Zielfunktionen ergibt sich aus der algebraischen Form des Terms der Zielfunktion, speziell der Anzahl der Zuordnungsvariablen, d.h. der Anzahl der Indizes, die im Term der Zielfunktion zu finden sind. Die Attribute einer Zielfunktion lassen sich daher unterscheiden in Attribute, die für jede Zielfunktion gelten und Attribute, die spezifisch für die jeweilige Spezialisierung sind, die also von der Dimension der Variablenschar bestimmt sind, von denen die Zielfunktion abhängt.

Im folgenden sei o.B.d.A. die Zuordnungsvariable als $\xi = (\xi_{\alpha,\beta})$ bezeichnet. Für festes α, β erhält man genau eine Variable, falls α beliebig ist, erhält man eine eindimensionale Schar von Variablen usw.. Da der Anwender die Bedeutung der Zielfunktion nicht unmittelbar aus dem Funktionsterm erschließen kann, wird diese zur Dokumentation durch ein textuelles Attribut explizit bezeichnet, ebenso wie die Zuordnungsvariable, von der die Zielfunktion abhängt. Diese Abhängigkeit kann dahingehend differenziert werden, wie viele der Indizes fest sind und über wie viele der Indizes summiert wird. Ein fester Index bezeichnet den Geltungsbereich der Zielfunktion, d.h. für jede Ausprägung des Index ergibt sich eine Zielfunktion gleicher Form und ein Zielfunktionswert (Bild 6.2-4). Der Geltungsbereich umfaßt i.d.R. nur eine feste Ausprägung des Index oder alle Ausprägungen des Index. Beispielsweise soll eine Kapazitätsbedarfsdeckung nur bei einer festen Leistungseinheit oder bei allen Leistungseinheiten (Bild 6.2-4) gesichert werden. Die Zielfunktion hängt bei Zuordnungsmodellen i.d.R. linear von der Zuordnungsvariablen ab, d.h. der Funktionsterm stellt eine gewichtete Summe dar. Der Name und die Bedeutung des Gewichts werden explizit bezeichnet. Als Beispiel für eine nichtlineare Zielfunktion sei die Berechnung der Kapazität eines Montagesystems angegeben, die von der Anzahl der besetzten Arbeitsplätze in nichtlinearer Weise abhängt: Mindestens n_u Arbeitsplätze müssen besetzt sein, bei n_o besetzten Arbeitsplätzen ist die maximale Kapazität der Maschine bzw. des Montagesystems erreicht[388].

Durch diese Konstruktion der Zielfunktion lassen sich die Anforderungen aus Bild 3.1-2 erfüllen: Die Überdeckung des Kapazitätsbedarfs einer Leistungseinheit ergibt sich durch Summation des Kapazitätsangebots aller zugeordneten Mitarbeiter abzüglich des Kapazitätsbedarfs (Bild 6.2-4); die Kosten der Zuordnung der Aufträge zu internen oder externen Leistungseinheiten ergeben sich durch Summation über alle Zuordnungen und Gewichtung mit den Zuordnungskosten (Bild 6.2-4). Analoges gilt beim Personaleinsatz für

---

[388] Vgl. Corsten (1994) S. 17. Corsten spricht von Minimal- und Maximalkapazität. Als Beispiel sei der Personaleinsatz am Montageportal einer Paneellinie im Schiffbau angeführt. In der Praxis sind lineare Modelle am stärksten vertreten (siehe Biederbick (1998) S. 158).

die Gesamteignung (Bild 6.2-4) und -neigung mit der Gewichtung durch Eignungs- oder Neigungsfaktoren.

6.2.1.2 Statisches Anpassungsmodell

Bei reinen statischen Anpassungsaufgaben im Rahmen der Kapazitätsabstimmung gilt es, die zeitliche Verfügbarkeit jeder Ressource, beispielsweise jedes Mitarbeiters, einer gegebenen Menge in einer festen Periode festzulegen (siehe Kapitel 2.2). Gegeben sei dazu die Menge $S^4 := \{s^4_\delta \mid \delta = 1, \ldots \Delta\}$ als Teilmenge der Menge $R = \{R_r \mid r = 1, \ldots R\}$ der Ressourcen[389]. Der Freiheitsgrad der Anpassung, im folgenden als Anpassungsvariable bezeichnet, ist somit eine Menge von Δ Variablen, da für jedes Element s^4_δ der Menge S^4 die Verfügbarkeit angegeben werden muß. In Bild 6.2-5 wird die Anpassungsvariable durch die Angabe ihrer Attribute sowie deren zulässige Ausprägungen, d.h. ihren Wertebereich, beschrieben.

Formale Nebenbedingungen sind in der Definition der Anpassungsvariablen enthalten. Mit Ψ werde der so festgelegte Definitionsbereich der Anpassungsvariablen als Teilmenge von $\mathfrak{R}^\Delta$ bezeichnet. Analog zu den Zuordnungsfunktionen werden Anpassungsfunktionen AF als Funktionen der Anpassungsvariablen gebildet. *AF* bezeichne die Menge aller Anpassungsfunktionen. Diese Anpassungsfunktionen sind Zielfunktionen des Anpassungsmodells.

$$AF: \qquad \Psi \qquad \longrightarrow \quad \mathfrak{R}$$

$$\psi = (\psi_\delta) \qquad \longmapsto \quad AF(\psi)$$

Zielfunktionen von Anpassungsmodellen werden in Bild 6.2-5 gemäß ihrer Abhängigkeit von den Anpassungsvariablen spezialisiert. Durch die Angabe des Geltungsbereichs wird festgelegt, ob die Zielfunktion nur für eine feste Variable der Schar oder für jede einzelne Variable gilt. Zielfunktionen werden weiter beschrieben durch die Art der Abhängigkeit von der Variablen. Gemäß den Anforderungen in Kapitel 3.1 sind folgende Zielfunktionen zu definieren:

---

[389] S^4 kann sich von den Mengen S^1, S^2 oder S^3 des Zuordnungsmodells unterscheiden.

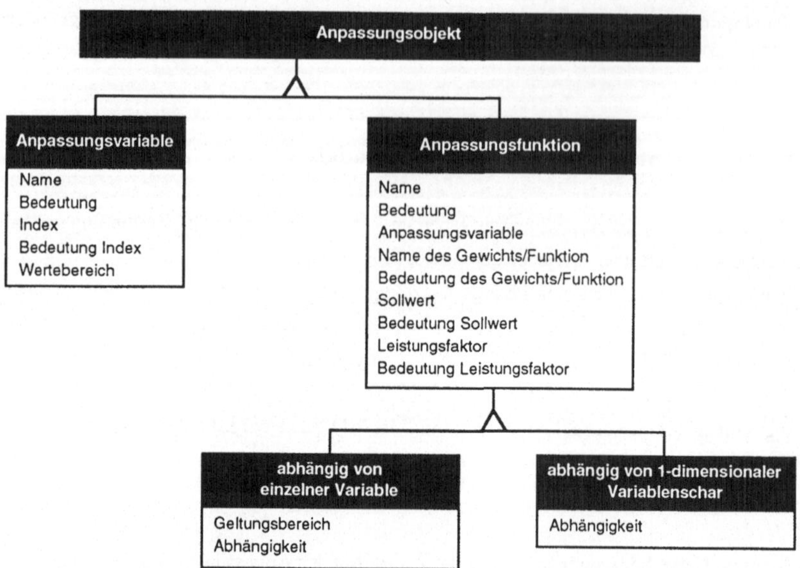

Bild 6.2-5:   Objekte des Anpassungsmodells

- Lineare oder nichtlineare Kosten einzelner Ressourcen s^4_δ von S^4: $k_\delta * \psi_\delta$ bzw. $f_\delta(\psi_\delta)$. Jeder Ressource wird eine individuelle Kostenfunktion zugeordnet, typischerweise variable Maschinenkosten mit linearer Kostenfunktion oder Personalkosten mit stückweise linearer Kostenfunktion aufgrund von Überstundenzuschlägen[390].

- Linear gewichtete Gesamtkosten aller Ressourcen von S^4: $\sum_\delta k_\delta * \psi_\delta$. Jeder Ressource wird ein individueller Kostenfaktor als Gewicht zugeordnet.

- Kapazitätsbedarfsdeckung einzelner Ressourcen von S^4: $g_\delta * (\lambda_\delta \psi_\delta - b_\delta)$: Für jede Ressource von S^4 wird der Kapazitätsbedarf (b_δ) fest vorgegeben. Die Zielfunktion ermittelt und gewichtet mit einem (Kosten-) Faktor g_δ die Abweichung von der mit der Leistung multiplizierten Verfügbarkeit ψ_δ

---

[390] Missbauer (1989) S. 66 zeigt den stückweise konstanten Grenzkostenverlauf bei verschiedenen kapazitätsangebotserhöhenden Maßnahmen für das Personal, wie Überstunden oder Sonderschichten, auf. Für Betriebsmittel zeigt Kahle (1991) S. 48ff verschiedene lineare Kostenverläufe quantitativer Kapazitätsanpassungsmaßnahmen.

- Gesamtbedarfsdeckung aller Elemente von S^4: $\sum_\delta g_\delta \cdot (\lambda_\delta \psi_\delta - b_\delta)$. Die berechneten Abweichungen werden zusätzlich addiert.

6.2.2 Dynamisches Optimierungsmodell

Gemäß Bild 6.2-1 sind im folgenden neben den Variablen für mehrperiodische dynamische Optimierungsmodelle solche Zielfunktionen zu betrachten, die sich auf die Wechselwirkungen[391] zwischen den Perioden beziehen. Ein beliebiges aber festes Zeitsystem $Z_z := \{PZA_{z,t} \mid t = 1, \ldots T(z)\}$ mit den Planungszeitabschnitten $PZA_{z,t}$ sei für die Betrachtung von Zuordnungsmodellen in Kapitel 6.2.2.1 und Anpassungsmodellen in Kapitel 6.2.2.2 vorausgesetzt.

6.2.2.1 Dynamisches Zuordnungsmodell

Die in Kapitel 6.2.1.1 definierten Variablen und formalen Nebenbedingungen für statische Zuordnungsmodelle sind in der dynamischen Betrachtung um die Angabe des Planungszeitabschnitts des festen Zeitsystems zu ergänzen. Den Mengen S^1, S^2 und S^3 wird die Menge $S^5 := Z_z := \{PZA_{z,t} \mid t = 1, \ldots T(z)\}$ der Planungszeitabschnitte zugefügt. Die Zuordnungsvariable als Freiheitsgrad des dreidimensionalen dynamischen Zuordnungsmodells ist somit eine Menge von $A \cdot B \cdot \Gamma \cdot T(z)$ Variablen. Bei der formalen Definition in Bild 6.2-3 sind als zusätzliche Attribute der Index 5 mit dem Wertebereich Z, d.h. der Menge aller Zeitsysteme, und die Bedeutung des Zeitsystems einzutragen. Das angegebene Beispiel wird so zu einer Zuordnungsvariablen $(\xi_{\alpha,\beta,\gamma,t})$ erweitert, wobei der Index t die Planungszeitabschnitte $PZA_{z,t}$ des fixen Zeitsystems Z_z bezeichnet.

Jede Zuordnungsfunktion, d.h. jede formale Nebenbedingung oder Zielfunktion des Zuordnungsmodells, wird durch die Angabe des zeitlichen Geltungsbereichs als zusätzliches Attribut in Bild 6.2-3 erweitert. I.d.R. gelten Zuordnungsfunktionen für alle Planungszeitabschnitte des Zeitsystems, es ist jedoch auch zulässig, diese nur in bestimmten Planungszeitabschnitten wirksam werden zu lassen, wenn beispielsweise ein Ziel nur in einer bestimmten Periode angestrebt wird.

---

[391] Siehe DIN 19236 S. 2.

Bei dynamischen Zuordnungsmodellen sind, wie in Kapitel 3.1 gefordert, in den Zielfunktionen periodenübergreifende Wechselwirkungen zwischen den Planungszeitabschnitten zu betrachten. Diese lassen sich gliedern in

- summarische Betrachtungen, d.h. Werte sind über mehrere Planungszeitabschnitte zu addieren und gehen als Summe in die Zielfunktion ein (beispielsweise werden Anwesenheitszeiten von Mitarbeitern in Jahresarbeitszeitkonten summiert), und in

- Änderungsvorgänge wie das Umrüsten von Maschinen mit anderen Werkzeugen, d.h die Zuordnungen in zwei aufeinanderfolgenden Planungszeitabschnitten unterscheiden sich, und dies wirkt sich in den Zielfunktionen[392] aus. Diese können wiederum untergliedert werden in

  - Ersatzzuordnungen: Ein Element (Auftrag oder Werkzeug), das im Planungszeitabschnitt $PZA_{z,t}$ einer Ressource (z.B. Maschine) zugeordnet[393] war, wird im nächsten Planungszeitabschnitt $PZA_{z,t+1}$ durch ein anderes ersetzt. Die Zielfunktion ist direkt abhängig vom Zustand vor dem Wechsel der Zuordnung.

  - Veranlassen/Auflösen einer Zuordnung: Die Zielfunktion wird dadurch beeinflußt, daß eine Zuordnung von einem Werkzeug zu einer Maschine veranlaßt oder aufgelöst wird, wobei der Zustand vor dem Wechsel der Zuordnung[394] keinen Einfluß hat.

Um die Zielfunktion bei Ersatzzuordnung mathematisch zu fassen, werden folgende Variablen eingeführt: $(\xi_{\alpha,\beta,t})$ bezeichne o.B.d.A. eine gemäß in Kapitel 6.2.1.1 definierte Variable zur Zuordnung von Aufträgen (Index β) zu Maschinen (Index α). Die Variable $\Delta_{\alpha,\beta,\beta',t}$ zeigt den Ersatz des Elements β durch das Element β' in der Zuordnung zum festen Element α an[395]:

---

[392] Beispielsweise Rüstkosten oder Kosten für Versetzung oder Einarbeitung (siehe Muche (1989) S. 96-130).

[393] Der Begriff der „Ersatzzuordnung" ist nur bei binären zweidimensionalen Zuordnungen exakt zu definieren, nicht bei höberdimensionalen Zuordnungen. Beispiel sind reihenfolgeabhängige Rüstkosten.

[394] Beispiele sind reihenfolgeunabhängige Aufrüst- oder Abrüstvorgänge oder Entlassungs- oder Einstellungskosten für eine Arbeitskraft (siehe Kossbiel (1988) S. 1052).

[395] Gemäß dem Verständnis der Ersatzzuordnung folgt daraus $\xi_{\alpha,\beta,t+1} = 0$ und $\xi_{\alpha,\beta',t} = 0$.

$$\Delta_{\alpha,\beta,\beta',t} := \begin{cases} 1 & \text{falls } \xi_{\alpha,\beta,t} = 1 \text{ und } \xi_{\alpha,\beta',t+1} = 1 \\ 0 & \text{sonst} \end{cases}$$

Der Wechselaufwand (z.B. Reinigungskosten bei der Zuordnung eines anderen Auftrags zu einer Anlage) ist abhängig von den Zuordnungen vor und nach dem Wechsel, also reihenfolgeabhängig. Der Parameter $\omega_{\alpha,\beta,\beta'}$ bezeichne den Aufwand in Zeit oder Kosten beim Wechsel der Zuordnung von β auf β' beim fixen Element α. Der Aufwand beim Element α am Ende des Planungszeitabschnitts $PZA_{z,t}$ ergibt sich daher zu:

$$\Omega(\alpha,t) := \sum_{\beta,\beta'=1}^{B} \Delta_{\alpha,\beta,\beta',t} \cdot \omega_{\alpha,\beta,\beta'}$$

Der gesamte Aufwand in einem Planungszeitabschnitt $PZA_{z,t}$ ergibt sich durch Summation über die fixen Elemente α zu:

$$\Omega(t) = \sum_{\alpha=1}^{A} \Omega(\alpha,t).$$

Der gesamte Aufwand in allen Planungszeitabschnitten $PZA_{z,t}$ ergibt sich durch Summation über die Planungszeitabschnitte zu:

$$\Omega = \sum_{\alpha=1}^{A} \sum_{t=1}^{T(z)-1} \Omega(\alpha,t) = \sum_{t=1}^{T(z)-1} \Omega(t)$$

Beim Veranlassen/Auflösen einer Zuordnung wird die Zielfunktion dadurch beeinflußt, daß eine Zuordnung veranlaßt oder aufgelöst wird (Aufrüsten, Abrüsten, Einsatz von Mitarbeitern an anderen Arbeitsplätzen), wobei der Zustand vor dem Wechsel der Zuordnung keinen Einfluß auf den Aufwand hat. Um diese Zielfunktion mathematisch zu fassen, wird folgendes definiert: $\xi = (\xi_{\alpha,\beta,t})$ bezeichne eine Zuordnungsvariable, o.B.d.A. sei α der Index für Maschinen und β der Index für Mitarbeiter. Die Variable $_{zu}\Delta_{\alpha,\beta,t}$ zeigt an, ob das Element β am Ende des Planungszeitabschnitts $PZA_{z,t}$ dem Element α neu zugeordnet wird:

$$_{zu}\Delta_{\alpha,\beta,t} := \begin{cases} 1 & \text{falls } \xi_{\alpha,\beta,t} = 0 \text{ und } \xi_{\alpha,\beta,t+1} = 1 \\ 0 & \text{sonst} \end{cases}$$

Analog zeigt die Variable $_{auf}\Delta_{\alpha,\beta,t}$ an, ob am Ende des Planungszeitabschnitts $PZA_{z,t}$ die Zuordnung des Elements β zum Element α aufgelöst wurde:

$$_{auf}\Delta_{\alpha,\beta,t} : = \begin{cases} 1 & \text{falls } \xi_{\alpha,\beta,t} = 1 \text{ und } \xi_{\alpha,\beta,t+1} = 0 \\ 0 & \text{sonst} \end{cases}$$

Der Parameter $_{zu}\varpi_{\alpha,\beta}$ bzw. $_{auf}\varpi_{\alpha,\beta}$ gibt den Aufwand in Zeit oder Kosten an, der beim Veranlassen bzw. Auflösen einer Zuordnung entsteht. Der Aufwand beim Element α im Planungszeitabschnitt $PZA_{z,t}$ ergibt sich daher zu:

$$\varsigma(\alpha,t) := \sum_{\beta=1}^{B} ({}_{zu}\Delta_{\alpha,\beta,t} \cdot {}_{zu}\varpi_{\alpha,\beta} + {}_{auf}\Delta_{\alpha,\beta,t} \cdot {}_{auf}\varpi_{\alpha,\beta})$$

Der gesamte Aufwand in einem Planungszeitabschnitt $PZA_{z,t}$ ergibt sich durch Summation über die fixen Elemente α zu:

$$\varsigma(t) := \sum_{\alpha=1}^{A} \varsigma(\alpha,t) = \sum_{\alpha=1}^{A} \sum_{\beta=1}^{B} ({}_{zu}\Delta_{\alpha,\beta,t} \cdot {}_{zu}\varpi_{\alpha,\beta} + {}_{auf}\Delta_{\alpha,\beta,t} \cdot {}_{auf}\varpi_{\alpha,\beta})$$

Der gesamte Aufwand in allen Planungszeitabschnitten $PZA_{z,t}$ ergibt sich durch Summation über die Planungszeitabschnitte zu:

$$\varsigma := \sum_{t=1}^{T(z)-1} \varsigma(t) = \sum_{t=1}^{T(z)-1} \sum_{\alpha=1}^{A} \sum_{\beta-1}^{B} ({}_{zu}\Delta_{\alpha,\beta,t} \cdot {}_{zu}\varpi_{\alpha,\beta} + {}_{auf}\Delta_{\alpha,\beta,t} \cdot {}_{auf}\varpi_{\alpha,\beta})$$

Die formale Definition einer Zielfunktion für einen Änderungsvorgang, d.h. eine Ersatzzuordnung oder das Veranlassen/Auflösen einer Zuordnung, ist in Bild 6.2-6 dargestellt.

Zielfunktion (Änderungsvorgang)
Name
Bedeutung
Zuordnungsvariable
Bedeutung
Fester Index
Geltungsbereich (fester Index)
Freier Index
Zeitlicher Geltungsbereich: Summationsanfang
Zeitlicher Geltungsbereich: Summationsende
Art des Änderungsvorgangs
Name des Gewichts
Bedeutung

Bild 6.2-6: Zielfunktion des Zuordnungsmodells für einen Änderungsvorgang

Durch dieses Konstrukt kann beispielsweise eine Zielfunktion definiert werden, die den Werkzeugwechselaufwand $\sum_{\beta,\beta'=1}^{B} \Delta_{\alpha,\beta,\beta',t} \cdot \omega_{\alpha,\beta,\beta'}$ der Maschinen $\alpha = 1$ bis $\alpha = 3$ über sämtliche Planungszeitabschnitte summiert:

$$\sum_{\alpha=1}^{3} \sum_{t=1}^{T(z)-1} \sum_{\beta,\beta'=1}^{B} \Delta_{\alpha,\beta,\beta',t} \cdot \omega_{\alpha,\beta,\beta'}$$

Bei dynamischen Zuordnungsmodellen sind in den Zielfunktionen darüber hinaus summarische Betrachtungen durchzuführen, d. h. Werte sind über mehrere Planungszeitabschnitte zu addieren. Dabei ist mittels Attributen in den Zielfunktionen zu definieren,

- ob die Zielfunktion eine Summation zwischen zwei festen unteren und oberen Planungszeitabschnitten durchführen soll $\left(t_u \in \{1 \ldots T(z) - 1\} \text{ und } t_0 \in \{2 \ldots T(z)\} \right)$ oder

- ob für jeden Planungszeitabschnitt eine Summation über alle Planungszeitabschnitte bis zum betrachteten Planungszeitabschnitt durchzuführen ist (fließende Summationsobergrenze).

Durch dieses Konstrukt kann eine Schar von $T(z)$ -1 Zielfunktionen definiert werden, die beispielsweise jeweils die Verfügbarkeiten der Mitarbeiter addieren, die einer festen Maschinen zugeordnet sind, um sicherzustellen, daß die kumulierte Verfügbarkeit bis zu jedem Planungszeitabschnitt mindestens gleich dem kumulierten Kapazitätsbedarf ist:

$$\sum_{\beta=1}^{B} \sum_{t=1}^{t_0} \xi_{\alpha,\beta,t} \cdot v_{\beta,t}$$

wobei für jedes $t_o \in \{2 \ldots T(z)\}$ eine Zielfunktion definiert wird und $v_{\beta,t}$ die Verfügbarkeit des Mitarbeiters β in Stunden im Planungszeitabschnitt $PZA_{z,t}$ angibt.

6.2.2.2   Dynamisches Anpassungsmodell

In Kapitel 6.2.1.2 wurden Variablen für statische Anpassungsmodelle definiert. Diese sind in der dynamischen Betrachtung um die Angabe des Planungszeitabschnitts zu ergänzen. In vollkommener Analogie zu den Ausführungen in Kapitel 6.2.2.1 wird die Menge $S^4 := \{s^4_\delta \mid \delta = 1, \ldots \Delta\}$ um die Menge $S^5 := Z_z := \{PZA_{z,t} \mid t = 1, \ldots T(z)\}$

ergänzt. Der Freiheitsgrad des Anpassungsmodells, d.h. die Anpassungsvariable, ist somit eine Menge von $\Delta * T(z)$ Variablen $(\psi_{\delta,i})$.

Die Zielfunktionen des statischen Anpassungsmodells werden durch ein weiteres Attribut um die Angabe des zeitlichen Geltungsbereichs erweitert (siehe Bild 6.2-5). I.d.R. gelten die Zielfunktionen für alle Planungszeitabschnitte des Zeitsystems. Bei dynamischen Anpassungsmodellen sind in den Zielfunktionen zusätzlich die Wechselwirkungen zwischen den Planungszeitabschnitten zu betrachten. Änderungsvorgänge spielen bei Anpassungsmodellen keine Rolle. Dagegen sind summarische Betrachtungen durchzuführen, d.h. Werte sind über mehrere Planungszeitabschnitte zu addieren. Daher sind die Zielfunktionen des statischen Anpassungsmodells (Bild 6.2-5) analog zum Zuordnungsmodell um zusätzliche Attribute zu ergänzen, d.h. der Beginn der Summation und deren Ende sind anzugeben. Wegen der völligen Analogie zu den Zuordnungsmodellen sei hier auf eine explizite Darstellung verzichtet.

6.2.3   Nutzenfunktionen

Gemäß der Anforderung in Kapitel 3.1 ist es erforderlich, den Wert, den eine Zielfunktion annimmt, zu unterscheiden von dem Nutzen, den der Entscheider diesem Zielwert beimißt. Daher werden im folgenden Nutzenfunktionen[396] definiert, die die Zufriedenheit des Entscheiders in Abhängigkeit vom Wert jeder einzelnen Zielfunktion beschreiben. Sei *ZOF* eine Zielfunktion des Zuordnungsmodells und *AF* eine Zielfunktion des Anpassungsmodells. Die Nutzenfunktion *U* wird definiert als eine Abbildung der Reellen Zahlen in das Intervall zwischen null und eins:

$$U: \quad \Re \quad \longrightarrow \quad [0, 1]$$

$$r \quad \longmapsto \quad U(r)$$

Der zielfunktionsbezogene Nutzen, den der Entscheider einer zulässigen Lösung $\xi = (\xi_{\alpha,\beta,\gamma}) \in \Xi'$ des Zuordnungsmodells bzw. $\psi = (\psi_{\delta}) \in \Psi$ des Anpassungsmodells beimißt, wird durch die Verkettung der zugehörigen Zielfunktion *ZOF* bzw. *AF* mit je einer Nutzenfunktion *U* definiert. Damit kann abgebildet werden, wie zufrieden ein

---

[396] Siehe Zimmermann (1991) S. 17ff und Braun (1994) S. 92ff. In Anlehnung an das englische „utility" wird der Buchstabe U als Symbol gewählt.

Anwender mit der Auslastung einer Maschine ist. Für Zuordnungs- bzw. für Anpassungsmodelle gilt:

$$U_{ZOF} := U \circ ZOF: \qquad \Xi \qquad \longrightarrow \quad [0, 1]$$

$$\xi = (\xi_{\alpha,\beta,\gamma}) \qquad \mapsto \quad (U \circ ZOF)(\xi) := U(ZOF(\xi))$$

$$U_{AF} := U \circ AF: \qquad \Psi \qquad \longrightarrow \quad [0, 1]$$

$$\psi = (\psi_{\delta}) \qquad \mapsto \quad (U \circ AF)(\psi) := U(AF(\psi))$$

Die Form der Nutzenfunktionen kann o.B.d.A. eingeschränkt werden auf stückweise lineare Funktionen der in Bild 6.2-7 dargestellten Form. Durch die Angabe des Nutzens an den Stützstellen r_i kann der Verlauf der gesamten Nutzenfunktion definiert werden, wenn vereinbart wird, daß die Nutzenfunktion stetig[397] und der Verlauf der Nutzenfunktion zwischen den Stützstellen stückweise linear bzw. außerhalb der Stützstellen konstant ist. Der Nutzen ist jeweils zu maximieren, so daß sich die Optimierungsaufgabe, d.h. „minimiere" bzw. „maximiere", durch die Form der Nutzenfunktion ergibt. Konkret können so Maximierungsaufgaben („maximiere Eignung der Mitarbeiter bei flexiblem Personaleinsatz!"), Minimierungsaufgaben („minimiere Kosten!") und das Anstreben eines bestimmten Intervalls oder Werts („Auslastung zwischen 95% und 105%") abgebildet werden.

Der Gesamtnutzen U_g, den der Entscheider einer zulässigen Lösung beimißt, wird durch die Betrachtung aller Verkettungen von je einer Zielfunktion und der zugehörigen Nutzenfunktion definiert. Dabei ist ein Ausgleich zwischen den i.d.R. unterschiedlichen Werten der Nutzenfunktionen zu schaffen. Es ist zulässig, das Minimum der Nutzenfunktionen als Gesamtnutzen $U_g(\xi)$ zu definieren[398]:

$$U_g(\xi) = min \{U_{ZOF}(\xi) \mid ZOF \in \mathbf{ZOF'}\}$$

---

[397] Stetig bedeutet, „daß die Funktion keine Sprünge hat". Zur exakten Definition der Stetigkeit siehe Endl (1980) S. 97.

[398] Dies entspricht einer pessimistischen Einschätzung, d.h. der Gesamtnutzen einer Lösung ergibt sich aus dem geringsten Nutzen aller Zielfunktionen. Siehe auch Fischer (1995) und Hanssmann (1993) S. 119.

Die Zuordnungsaufgabe besteht dann darin, die Gesamtnutzenfunktion zu maximieren, d.h. unter allen Lösungen, die sämtliche formalen Nebenbedingungen erfüllen, diejenige zu finden, die das Minimum der Nutzenfunktionen maximiert. Analoges gilt für Anpassungsmodelle.

$$max \ \{U_g\,(\xi)\,|\ \xi \in \Xi'\}.$$

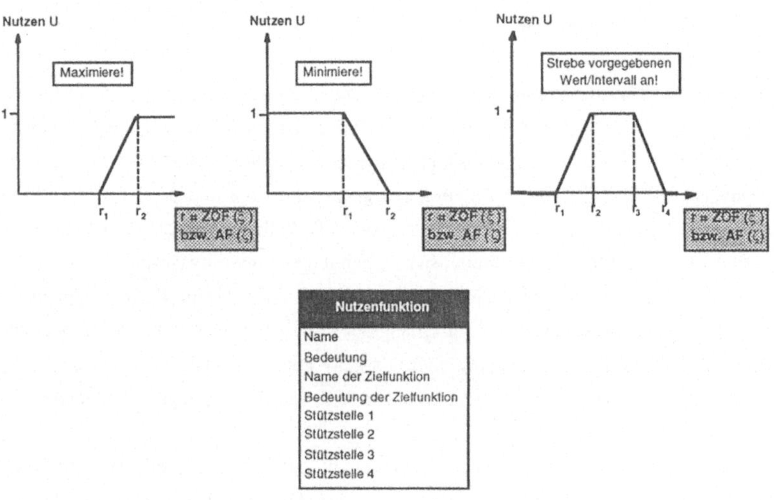

Bild 6.2-7:   Prinzipielle Verläufe und Attribute von Nutzenfunktionen

6.2.4   Kombinierte Zuordnungs- und Anpassungsmodelle

Ergänzend zu den in Kapitel 6.2.1 und 6.2.2 entwickelten einfachen Zuordnungs- und Anpassungsmodellen mit jeweils nur einer Variablen sind gemäß Bild 6.2-1 kombinierte Modelle zu betrachten, in denen mindestens zwei Zuordnungs- oder Anpassungsvariablen auftreten. Kombinierte Modelle können gemäß dem Zusammenwirken der Variablen in den Zuordnungs- oder Anpassungsfunktionen gegliedert werden in

- Modelle aus unabhängigen einfachen Teilmodellen mit je einer Variablen,

- Modelle, bei denen Zielfunktionen in Form von Linearkombinationen reiner Zuordnungs- oder Anpassungsfunktionen auftreten, sowie

- Modelle, bei denen die Variablen nichtlinear zusammenwirken.

Modelle aus unabhängigen einfachen Teilmodellen können per Definition in mehrere unabhängige Zuordnungs- oder Anpassungsmodelle zerlegt werden. Diese sind mit den Konstrukten aus Kapitel 6.2.1 und 6.2.2 zu modellieren. Falls eine solche Zerlegung nicht möglich ist, so liegt mindestens eine Zielfunktion vor, die von mindestens zwei Variablen abhängt. Falls diese Zielfunktion als Linearkombination von mehreren Zielfunktionen, die jeweils gemäß Kapitel 6.2.1 und 6.2.2 von je einer Variablen abhängen, dargestellt werden kann (siehe Beispiel 6.2-1), sind die Modellierungskonstrukte von Kapitel 6.2.1 und 6.2.2 um die Bildung von Linearkombinationen von Zielfunktionen zu ergänzen, d.h. bei der Definition der kombinierten Zielfunktion müssen zusätzlich die Gewichte der einzelnen Zielfunktionen hinterlegt werden. In Modellen, bei denen die Variablen nichtlinear zusammenwirken, treten Zielfunktionen der Form[399] auf, daß Gewichte nicht konstant sind, sondern von jeweils anderen Variablen explizit abhängen (siehe Beispiel 6.2-2). Im einfachsten Fall sind es multiplikative Verknüpfungen. Die Definitionen aus den Kapiteln 6.2.1 und 6.2.2 sind daher dahingehend zu ergänzen, daß bei der Definition der Gewichte auch (andere) Variablen oder Funktionen derselben angegeben werden dürfen.

Beispiel 6.2-1: Zuordnung von Aufträgen zu Montagesystemen und gleichzeitige Zuordnung von Mitarbeitern zu Montagesystemen mit dem Ziel der Kapazitätsbedarfsdeckung: Sei α der Index der Montagesysteme, β der Index der Mitarbeiter und γ der Index der Aufträge. $\xi = (\xi_{\alpha,\gamma})$ beschreibe die Zuordnung von Aufträgen zu Montagesystemen, $\xi' = (\xi'_{\alpha,\beta})$ die von Mitarbeitern zu Montagesystemen. Die Zielfunktion der Kapazitätsbedarfsdeckung kann als Differenz, d.h. Linearkombination des Kapazitätsangebots und des Kapazitätsbedarfs, dargestellt werden. Der Kapazitätsbedarf $KBA_{\gamma,\alpha}$ eines Auftrags O_γ berechnet sich durch Summation der Kapazitätsbedarfe $KBA_{a,\alpha}$ der beauftragten Artikel A_a in der Stückzahl $BA_{\gamma,a}$. Der Kapazitätsbedarf KBR_α des Montagesystems α in einem festen Planungszeitabschnitt $PZA_{z,t}$ berechnet sich durch Summation der Kapazitätsbedarfe der zugeordneten Aufträge O_γ:

---

[399] Andere Zielfunktionen sollen in dieser Arbeit nicht betrachtet werden.

$$KBA_{\gamma,\alpha} = \sum_a KBA_{a,\alpha} \cdot BA_{\gamma,a}$$

$$KBR_\alpha = \sum_\gamma \xi_{\alpha,\gamma} \cdot KBA_{\gamma,\alpha}$$

Das Kapazitätsangebot KVR_α des Montagesystems α in einem festen Planungszeitabschnitt $PZA_{z,t}$ berechne sich durch Summation[400] der konstant angenommenen Verfügbarkeiten KVR_β der zugeordneten Mitarbeiter R_β:

$$KVR_\alpha = \sum_\beta \xi'_{\alpha,\beta} \cdot KVR_\beta$$

Die Zielfunktion der Kapazitätsbedarfsdeckung kann als Differenz, d.h. als Linearkombination, des Kapazitätsangebots und des Kapazitätsbedarfs dargestellt werden:

$$KKR_\alpha = KVR_\alpha - KBR_\alpha = \sum_\beta \xi'_{\alpha,\beta} \cdot KVR_\beta - \sum_\gamma \xi_{\alpha,\gamma} \cdot KBA_{\gamma,\alpha}$$

Beispiel 6.2-2: Das Kapazitätsangebot eines Montagesystems α ergibt sich durch Summation der variablen Verfügbarkeiten der zugeordneten Mitarbeiter: Sei zusätzlich zu den in Beispiel 6.2-1 gemachten Definitionen $\psi = (\psi_\beta)$ die kontinuierliche Anpassungsvariable, die die zeitliche Verfügbarkeit des Mitarbeiters β in einem Planungszeitabschnitt $PZA_{z,t}$ beschreibt. Das Kapazitätsangebot des Montagesystems α in einem festen Planungszeitabschnitt $PZA_{z,t}$ berechne sich durch Summation der Verfügbarkeiten der zugeordneten Mitarbeiter R_β, d.h. die Variablen sind multiplikativ verknüpft.

$$KVR_\alpha = \sum_\beta \xi'_{\alpha,\beta} \cdot \psi_\beta.$$

6.3 Modelltransformation

Gemäß Bild 5-2 ist zur Modellierung von Zuordnungs- und Anpassungsproblemen eine Modelltransformation zu definieren, die die Verbindung zwischen dem Objektmodell als

---

[400] Es wird davon ausgegangen, daß die Kapazitätsmaßeinheiten des Montagesystems und der Mitarbeiter gleich sind und daß der Faktor für den indirekten Ressourcenbedarf mit 1 angesetzt wird, d.h. 1 Minute Aufwand im Montagesystem = 1 Minute Verfügbarkeit des Mitarbeiters.

Teil des betrieblichen Informationsmodells und dem Optimierungsmodell herstellt und somit dessen Datenversorgung sichert. Dazu ist festzulegen, wie die in Kapitel 6.2 definierten Größen des Optimierungsmodells aus den Daten des Objektmodells übernommen werden. Bild 6.3-1 zeigt, daß jeweils unterschiedliche Teilmodelle gemeinsam in die Definition von Variablen, formalen Nebenbedingungen oder Zielfunktionen eingehen, wobei bei dynamischen Modellen zusätzlich die Verknüpfungen zu Zeitsystemen und dynamischen Objekten herzustellen sind (in Bild 6.3-1 durch graue Pfeile dargestellt).

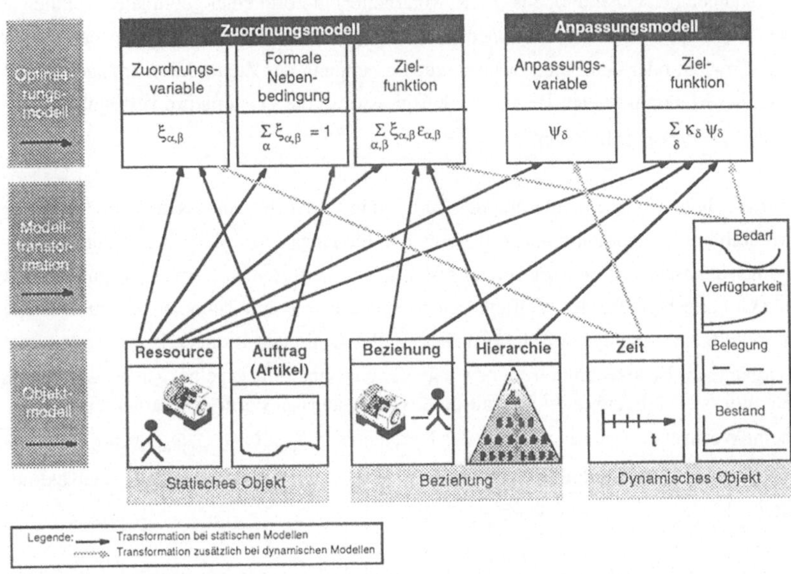

Bild 6.3-1:   Datenversorgung des Optimierungsmodells aus dem Objektmodell

Die Angabe der Verknüpfungen folgt dem Aufbau des Optimierungsmodells. Grundsätzlich ist für die Instanzen des Optimierungsmodells festzulegen, auf welche Instanzen des Objektmodells sich die Indizes, Geltungsbereiche und Gewichte beziehen. Gemäß der Definition der Zuordnungsvariablen in Bild 6.2-3 ist für jeden der Indizes 1, 2 und 3 eine geordnete, d.h. numerierte Teilmenge der Ressourcen oder der Aufträge anzugeben. Die weiteren Attribute der Zuordnungsvariablen betreffen ausschließlich das Optimierungsmodell. Für formale Nebenbedingungen ist gemäß Bild 6.2-3 festzulegen, für welche Ausprägungen der Indizes, d.h. Ressourcen oder Artikel, sie gelten. Für Zielfunktionen (Bild 6.2-3) ist - zusätzlich zum Geltungsbereich - für das Gewicht oder den Funktionsterm zur Berechnung der Zielfunktion anzugeben, auf welche Beziehung des Objektmodells zurückgegriffen wird. Über die in Bild 6.2-3 angegebene Spezialisierung der linearen gewichteten Summe hinaus ist es nicht sinnvoll, vorab weitere Spezialisierungen zu treffen. Falls erforderlich, muß die Funktionsvorschrift zur Berechnung des Werts der Zielfunktion aus den Variablen und Parametern der Beziehungen des Objektmodells in einer formalen Sprache, beispielsweise einer Programmiersprache, erfolgen.

Die Definition der Modelltransformation für Anpassungsvariablen erfolgt analog: Gemäß Bild 6.2-5 ist die Bedeutung des Index der Anpassungsvariablen durch die Angabe der Ressourcen des Objektmodells (i.d.R. Mitarbeiter) in Form einer geordneten Teilmenge zu spezifizieren. Für Zielfunktionen (Bild 6.2-5) ist zusätzlich zum Geltungsbereich für das Gewicht oder den Funktionsterm zur Berechnung der Zielfunktion anzugeben, auf welches Merkmal M_m der Ressource, beispielsweise die Leistung pro verfügbarer Zeiteinheit, zurückgegriffen wird.

Für die dynamische Erweiterung des Zuordnungs- oder des Anpassungsmodells ist die Modelltransformation um den Zeitbezug, d.h. die Angabe des Zeitsystems und der Planungszeitabschnitte, zu ergänzen. Die Variablen, die formalen Nebenbedingungen und die Geltungsbereiche der Zielfunktionen wurden bereits mit Zeitbezug definiert (siehe Kapitel 6.2.2). Die dynamische Erweiterung des Optimierungsmodells um Änderungsvorgänge für Ersatzzuordnungen bzw. das Veranlassen/Auflösen einer Zuordnung gemäß Kapitel 6.2.2.1 bedingt zur Definition des Aufwands in Form des Parameters $\omega_{\alpha,\beta,\beta'}$ beim Wechsel der Zuordnung bzw. des Parameters $_{zu}\varpi_{\alpha,\beta}$ bzw. $_{auf}\varpi_{\alpha,\beta}$ beim Veranlassen/Auflösen der Zuordnung einen Verweis auf die jeweilige Beziehung[401] im Objektmodell.

Ein wesentliches Ziel der Kapazitätsabstimmung ist gemäß Bild 2.3-3, Kapazitätsangebot und Kapazitätsbedarf pro Planungszeitabschnitt zur Deckung zu bringen. Dazu müssen Kapazitätsbedarf und Kapazitätsangebot für die gleiche Ressource verglichen werden (siehe Kapitel 2.2). Da sich Bedarfe an Kapazität oder Artikel und Kapazitätsangebote nicht a priori auf die gleiche Ressource beziehen, ist eine Berechnungsvorschrift anzugeben, die Kapazitätsbedarfe und/oder -angebote auf eine vorgegebene Ressource normiert[402]. Dabei können die in Bild 6.3-2 bzw. Bild 6.3-4 definierten Fälle unterschieden werden. Im folgenden werden auf Basis des Objektmodells und des Optimierungsmo-

---

[401] Der Aufwand (Parameter $\omega_{\alpha,\beta,\beta'}$) beim Wechsel der Zuordnung ist eine dreidimensionale Beziehung zwischen zwei Teilmengen von Ressourcen bzw. Artikeln, wobei eine Teilmenge doppelt in der Relation verwendet wird ($S^1 \times S^2 \times S^2$). Der Aufwand beim Veranlassen/Auflösen einer Zuordnung (Parameter $_{zu}\Delta_{\alpha,\beta}$ bzw. $_{auf}\Delta_{\alpha,\beta}$) ist eine zweidimensionale Beziehung.

[402] Siehe Schönsleben (1994) S. 153.

dells die geforderten Berechnungsvorschriften hergeleitet. Ein festes Zeitsystem wird vorausgesetzt. Die Ausführungen beziehen sich jeweils auf einen festen Planungszeitabschnitt.

Zu Fall 1 (siehe auch Bild 6.3-3 oben): Sei R_β die vorgegebene Ressource (z.B. eine Maschine), γ der Index der Aufträge. Sei $\xi = (\xi_{\beta,\gamma})$ die binäre Variable, die die Zuordnung von Aufträgen zu Ressourcen beschreibt. Der Kapazitätsbedarf KBR_β der Ressource R_β in einem festen Planungszeitabschnitt $PZA_{z,t}$ berechnet sich durch Summation der Kapazitätsbedarfe der zugeordneten Aufträge O_γ.

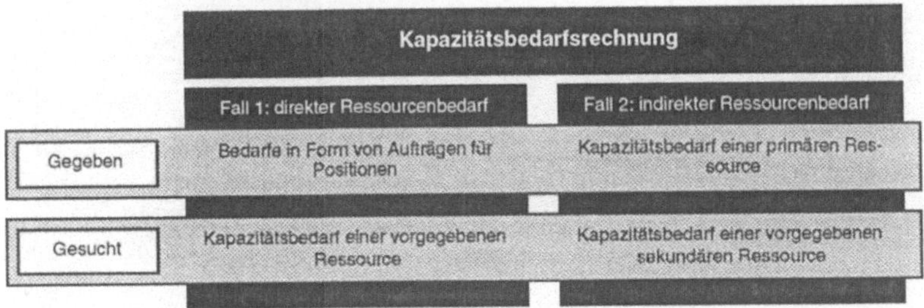

Bild 6.3-2:   Kapazitätsbedarfsrechnung: Übersicht über Aufgabenstellung[403]

$$KBR_\beta = \sum_\gamma \sum_a \xi_{\beta,\gamma} \cdot KBA_{a,\beta} \cdot BA_{\gamma,a}$$

$KBA_{a,\beta}$ = Kapazitätsbedarf eines Stücks der Artikel A_a auf der Ressource R_β

$BA_{\gamma,a}$ = Menge des Artikels A_a im Auftrag O_γ

Zu Fall 2 (siehe auch Bild 6.3-3 unten): Sei R_α die vorgegebene sekundäre Ressource (z.B. ein Mitarbeiter oder eine Gruppe von Mitarbeitern), R_β die primäre Ressource (z.B. eine Maschine). Sei $\xi = (\xi_{\alpha,\beta})$ die binäre Variable, die die Zuordnung von sekundären zu primären Ressourcen beschreibt (z.B. Personaleinsatz). Der Kapazitätsbedarf KBR_α der Ressource R_α in einem festen Planungszeitabschnitt $PZA_{z,t}$ berechnet sich durch Gewichtung des Ressourcenbedarfs mit dem festen Gewicht des indirekten Ressourcenbedarfs $IDR_{\alpha,\beta}$:

---

[403] Die Begriffe „primär" und „sekundär" werden als Hilfsmittel zur besseren Verständlichkeit eingeführt, haben also nur formale und keine inhaltliche oder gar wertende Bedeutung.

$$KBR_\alpha = \sum_\beta \xi_{\alpha,\beta} \cdot KBR_\beta \cdot IDR_{\alpha,\beta}$$

$IDR_{\alpha,\beta}$ = Indirekter Ressourcenbedarf[404]: Ressource R_β (Maschine) benötigt zur Zurverfügungstellung einer Einheit seiner Kapazität $IDR_{\alpha,\beta}$ Kapazitätseinheiten der Ressource R_α (Mitarbeiter) für die Herstellung irgendeines Artikels.

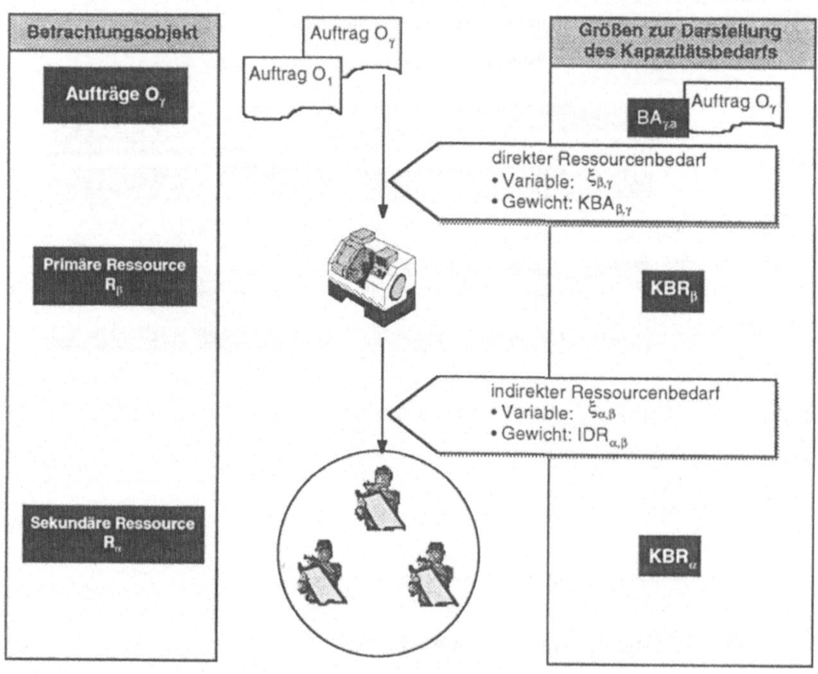

Bild 6.3-3:   Modell der Kapazitätsbedarfsrechnung

Bild 6.3-4 differenziert die Aufgabenstellungen bei der Kapazitätsangebotsrechnung. Zu Fall 1 (siehe auch Bild 6.3-5 links): Sei R_α die vorgegebene sekundäre Ressource (z.B. eine Maschine), R_β die primäre Ressource (z.B. ein Mitarbeiter oder eine Gruppe von Mitarbeitern). Sei $\psi = \left(\psi_\beta\right)$ die variable zeitliche Verfügbarkeit der Ressource R_β, sei VR_β die feste zeitliche Verfügbarkeit der Ressource R_β. Sei $\xi = \left(\xi_{\alpha,\beta}\right)$ die binäre Va-

---

[404] Siehe Kapitel 6.1.1.2. Beispielsweise benötigt eine Presse 5 Mitarbeiter, d.h. der Kapazitätsbedarf der Mitarbeiter ergibt sich aus dem Kapazitätsbedarf der Presse durch Multiplikation mit dem Faktor 5.

riable, die die Zuordnung von primären zu sekundären Ressourcen beschreibt (z.B. Personaleinsatz) und sei H_h die Hierarchie, die die feste Zuordnung der Ressource R_β zur Ressource R_α beschreibt.

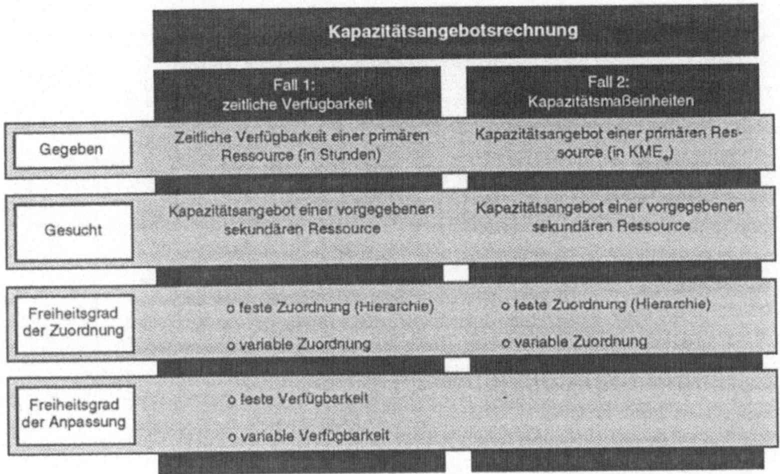

Bild 6.3-4:   Kapazitätsangebotsrechnung: Übersicht über Aufgabenstellung

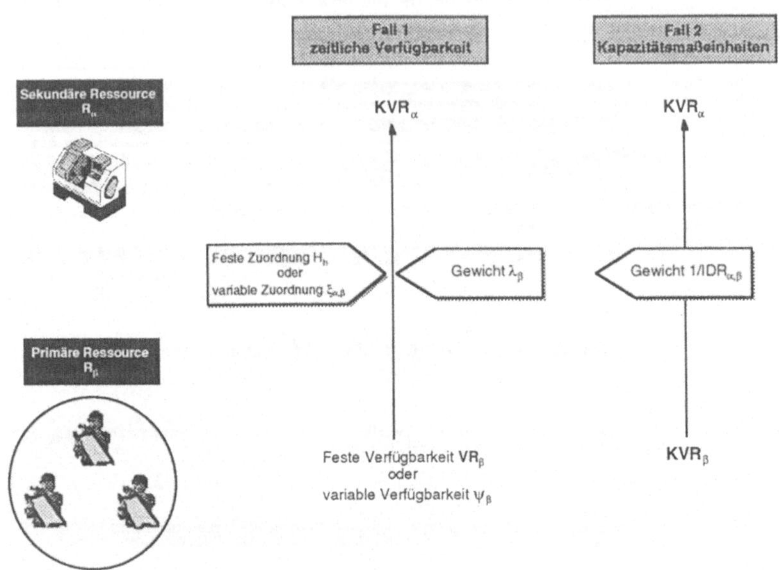

Bild 6.3-5:   Modell der Kapazitätsangebotsrechnung

Das Kapazitätsangebot KVR_α der Ressource R_α in einem festen Planungszeitabschnitt $PZA_{z,t}$ berechnet sich zu:

Rechenvorschrift	Freiheitsgrad	
$KVR_\alpha = \sum\limits_{\beta,H_h(\alpha,\beta)=1} \lambda_\beta \cdot VR_\beta$	o feste Zuordnung (Hierarchie)	H_h
	o feste Verfügbarkeit	VR_β
$KVR_\alpha = \sum\limits_{\beta,H_h(\alpha,\beta)=1} \lambda_\beta \cdot \psi_\beta$	o feste Zuordnung (Hierarchie)	H_h
	o variable Verfügbarkeit	ψ_β
$KVR_\alpha = \sum\limits_{\beta} \xi_{\alpha,\beta} \cdot \lambda_\beta \cdot VR_\beta$	o variable Zuordnung	$\xi_{\alpha,\beta}$
	o feste Verfügbarkeit	VR_β
$KVR_\alpha = \sum\limits_{\beta} \xi_{\alpha,\beta} \cdot \lambda_\beta \cdot \psi_\beta$	o variable Zuordnung	$\xi_{\alpha,\beta}$
	o variable Verfügbarkeit	ψ_β

Bild 6.3-6:   Kapazitätsangebotsrechnung Fall 1

mit

λ_β = Leistung, d.h. Umrechnungsfaktor, der angibt, wieviel Kapazitätsmaßeinheiten eine Minute zeitlicher Verfügbarkeit eines Mitarbeiters auf der Ressource R_α ergibt.

Zu Fall 2 (siehe Bild 6.3-5 rechts): Sei R_α die vorgegebene sekundäre Ressource (z.B. eine Maschine), R_β die primäre Ressource (z.B. ein Mitarbeiter oder eine Gruppe von Mitarbeitern). Sei KVR_β das Kapazitätsangebot der Ressource R_β in einem festen Planungszeitabschnitt $PZA_{z,t}$ ausgedrückt in Kapazitätsmaßeinheiten. Sei $\xi = \left(\xi_{\alpha,\beta}\right)$ die binäre Variable, die die Zuordnung von primären zu sekundären Ressourcen beschreibt (z.B. Personaleinsatz) und sei H_h die Hierarchie, die die feste Zuordnung der Ressource R_β zur Ressource R_α beschreibt. Das Kapazitätsangebot KVR_α der Ressource R_α in einem festen Planungszeitabschnitt $PZA_{z,t}$ berechnet sich zu:

Rechenvorschrift	Freiheitsgrad
$KVR_\alpha = \sum_{\beta:H_h(\alpha,\beta)=1} 1/IDR_{\alpha,\beta} \cdot KVR_\beta$	o feste Zuordnung (Hierarchie) H_h
$KVR_\alpha = \sum_\beta \xi_{\alpha,\beta} \cdot 1/IDR_{\alpha,\beta} \cdot KVR_\beta$	o variable Zuordnung $\xi_{\alpha,\beta}$

Bild 6.3-7:   Kapazitätsangebotsrechnung Fall 2

In diesem Fall ist die Kapazitätsangebotsrechnung die genaue Umkehrung der Kapazitätsbedarfsrechnung (Fall 2). Beispiel 6.2.-1 ist ein Spezialfall der Kapazitätsbedarfs- und -angebotsrechnung.

7   Ablauf der Modellierung

Nachdem in den vorangegangenen Kapiteln die Bausteine eines generischen Optimierungsmodells für Zuordnungs- und Anpassungsaufgaben im Rahmen der Kapazitätsabstimmung entwickelt wurden, soll in diesem Kapitel die Anwendung der Modellbausteine zum Aufbau eines anwendungsspezifischen Modells im Mittelpunkt stehen. Der Anwender benutzt dazu die im generischen Modell definierten Bausteine. Er identifiziert die für seinen speziellen Anwendungsfall benötigten Bausteine, spezialisiert und instantiiert sie, indem er die vorgesehenen Attribute mit Werten belegt. Der Gesamtablauf beginnt mit der Definition des Optimierungsmodells, da dieses die Zielsetzung der Modellierung bestimmt. Die Definition[405] des statischen und des dynamischen Objektmodells liefert die Datenbasis für das Optimierungsmodell. Um diese Datenbasis dem Optimierungsmodell zugänglich zu machen, wird in der dritten Phase die Transformation von Optimierungsmodell und Objektmodell definiert.

7.1   Definition des Optimierungsmodells

Die Definition des Optimierungsmodells umfaßt die Definition des Problemtyps sowie den Aufbau des statischen und - falls mehrere Perioden betrachtet werden sollen - auch des dynamischen Optimierungsmodells. Dabei erweist sich der Ablauf der Modellierung des Zuordnungsmodells und des Anpassungsmodells als weitgehend analog, so daß beide parallel behandelt werden können. Die Definition der Nutzenfunktionen, die die Zufriedenheit des Anwenders mit einem erreichten Zielwert angeben, schließt die Definition des Optimierungsmodells ab. Die Definition des Problemtyps (Bild 7.1-2) erfolgt gemäß der in Bild 6.2-1 erarbeiteten Gliederung der Optimierungsmodelle. Als erster Schritt sind die prinzipiellen Freiheitsgrade festzulegen, d.h. zu wählen, ob es sich um eine reine Zuordnungsaufgabe (Aufträge zu Maschinen oder Leistungseinheiten, Personal- oder Werkzeugeinsatz), eine reine Anpassungsaufgabe (Variation der Verfügbarkeit der Ressourcen, v.a. Personal) oder eine kombinierte Zuordnungs- und Anpassungsaufgabe handelt.

---

[405] Falls das Objektmodell innerhalb des betrieblichen Informationsmodells bereits vollständig oder teilweise existiert, besteht die Definition des Objektmodells in der Identifikation der bestehenden benötigten Bestandteile des Objektmodells und ggf. deren Ergänzung. Dies ist insbesondere dann der Fall, wenn ein betriebliches Informationssystem um eine Optimierungsfunktion ergänzt werden soll, für die ein Optimierungsmodell zwingend notwendig ist.

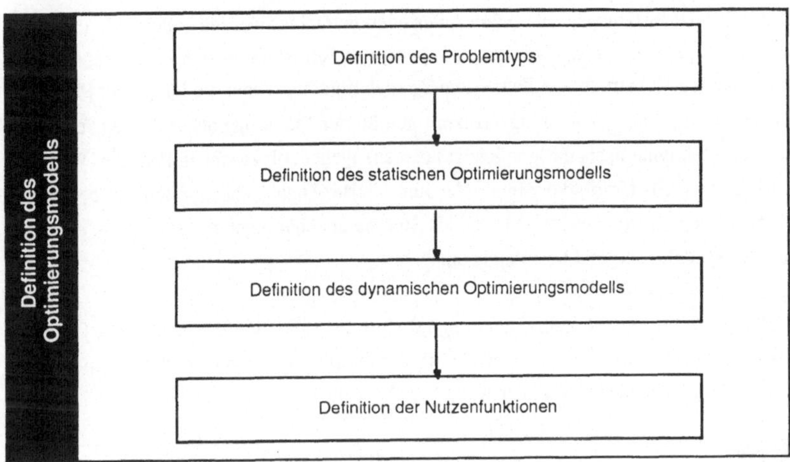

Bild 7.1-1:   Ablauf der Definition des Optimierungsmodells

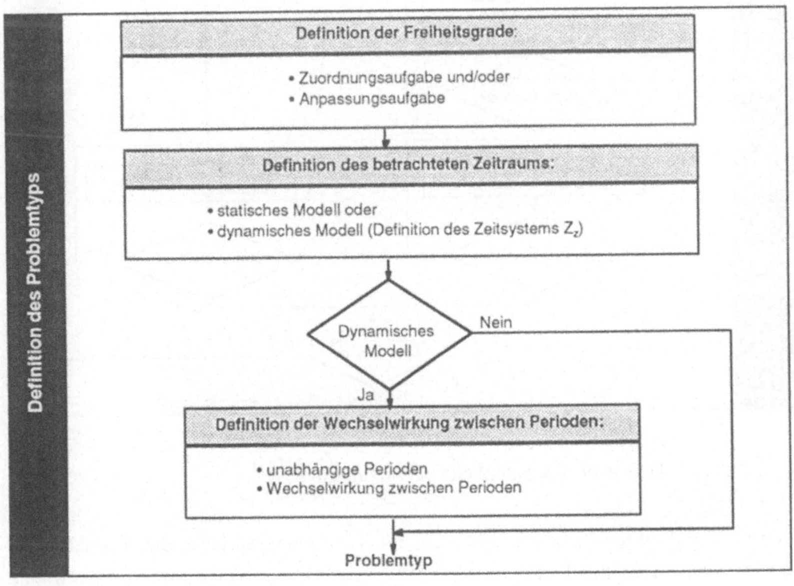

Bild 7.1-2:   Definition des Problemtyps

Daraufhin ist festzulegen, ob mehrere Perioden betrachtet werden sollen, d.h. ein dynamisches Modell entwickelt werden muß. In diesem Fall ist mittels der in Kapitel 6.1.2 bereitgestellten Konstrukte ein Zeitsystem $\mathbf{Z}_z$ zu definieren, wobei die Länge der Planungszeitabschnitte und der Planungshorizont gemäß der Planungsnotwendigkeit festgelegt werden. Bei dynamischen Modellen ist noch anzugeben, ob zwischen Perioden Wechselwirkungen (z.B. Umrüstvorgänge oder kumulierte Anwesenheitszeiten) zu betrachten sind, oder ob das dynamische Modell als Summe unabhängiger statischer, d.h. einperiodischer Modelle aufgefaßt werden kann.

Abhängig vom festgelegten Freiheitsgrad sind die Elemente des statischen Optimierungsmodells zu definieren, wobei sich für die Zuordnungsaufgabe und die Anpassungsaufgabe ein weitgehend paralleler Ablauf ergibt (Bild 7.1-3).

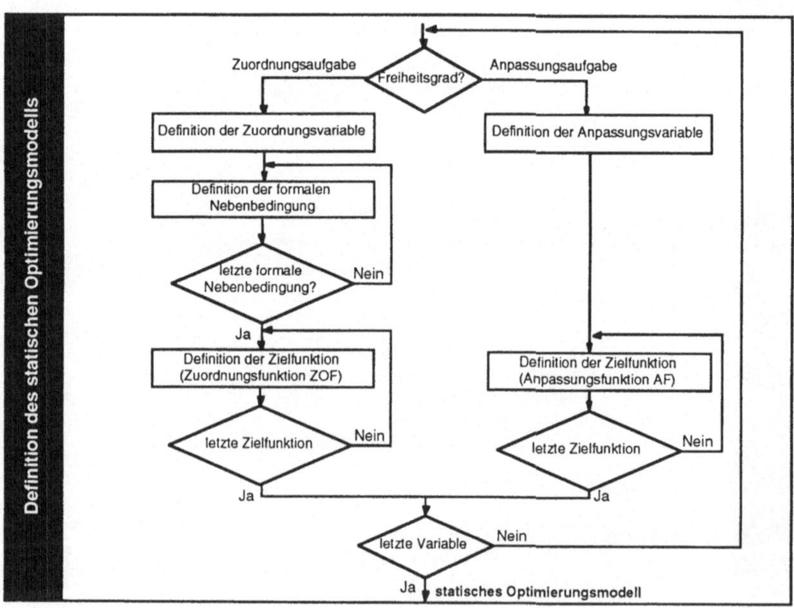

Bild 7.1-3:   Definition des statischen Optimierungsmodells

Zunächst ist dazu mit Hilfe von Bild 6.2-3 eine Zuordnungsvariable, die beispielsweise den Personaleinsatz beschreibt, oder mit Hilfe von Bild 6.2-5 eine Anpassungsvariable zu definieren. Das mehrmalige Durchlaufen des in Bild 7.1-3 dargestellten Ablaufs ermöglicht sowohl die Definition beliebig vieler Zuordnungs- und Anpassungsvariablen als auch die Definition von kombinierten Zuordnungs- und Anpassungsmodellen, die Zuord-

nungs- und Anpassungsvariablen umfassen (siehe Kapitel 6.2.4). Für jede Zuordnungsvariable sind mittels Bild 6.2-3 ggf. mehrere formale Nebenbedingungen mit ihren Attributen anzugeben und so die Struktur des Zuordnungsmodells festzulegen, d.h. Regeln
für die prinzipielle Zuordenbarkeit der Elemente zueinander, beispielsweise den Personaleinsatz. Bei Anpassungsvariablen entfällt die Angabe der formalen Nebenbedingungen.

Die Definition des Optimierungsinteresses erfolgt durch die Angabe von beliebig vielen
Zielfunktionen, die von den Zuordnungs- oder Anpassungsvariablen abhängen. Dabei
wird definiert, welche Größen (z.B. Kapazitätsunter- oder -überdeckung, Kosten) für
den Anwender bei der Beurteilung der Güte von Lösungen von Interesse sind und gemäß
welcher Vorschrift sich diese Größen aus Variablen und weiteren Parametern berechnen
lassen. Für Zuordnungsfunktionen ist dazu Bild 6.2-3 zu verwenden, für Anpassungsfunktionen Bild 6.2-5.

Bei dynamischen Modellen sind die definierten statischen Modelle um die zeitliche Komponente zu ergänzen: Dazu wird den Variablen ein zu betrachtendes Zeitsystem aus Planungszeitabschnitten zugewiesen. Bei formalen Nebenbedingungen und Zielfunktionen
ist anzugeben, auf welche Planungszeitabschnitte diese zu beziehen sind (Bild 7.1-4).

Falls in dynamischen, d.h. mehrperiodischen Modellen periodenübergreifende Wechselwirkungen zu betrachten sind, müssen bei Zuordnungsmodellen und bei Anpassungsmodellen zusätzliche Zielfunktionen definiert werden. Bei Zuordnungsmodellen betrifft dies
summarische Betrachtungen, d.h. Werte (z.B. Verfügbarkeiten des Personals) sind über
mehrere Planungszeitabschnitte zu addieren und gehen als Summe in die Zielfunktion ein,
sowie Änderungsvorgänge, d.h. die Zuordnungen (z.B. Rüstzustände oder Werkzeugeinsatz) in zwei aufeinanderfolgenden Planungszeitabschnitten unterscheiden sich und
dies wirkt sich in den Zielfunktionen aus. Diese Zielfunktionen lassen sich mit Hilfe von
Kapitel 6.2.2.1 definieren. Bei Anpassungsmodellen sind nur summarische Betrachtungen notwendig.

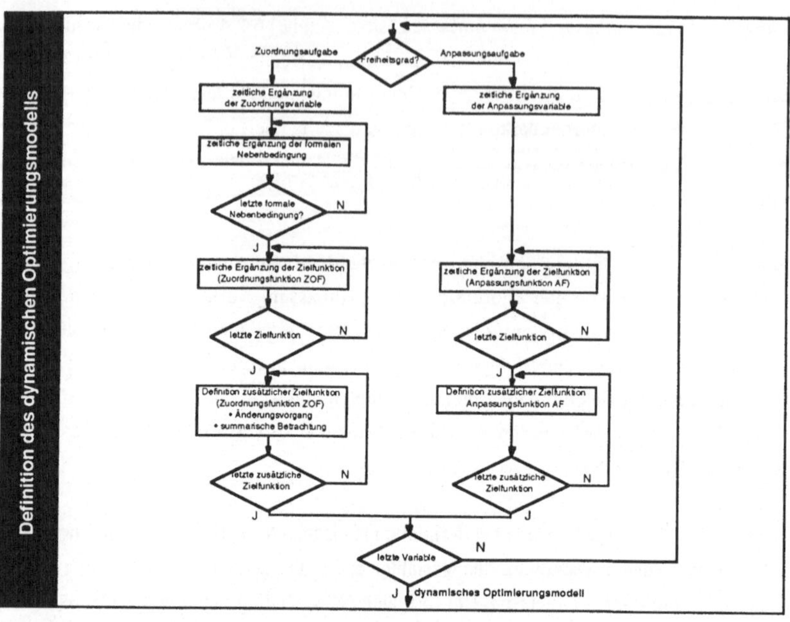

Bild 7.1-4:   Definition des dynamischen Optimierungsmodells

Zielfunktionen machen noch keine Aussage darüber, wie vorteilhaft der Problemsteller den Wert der Zielfunktion erachtet, d.h. welchen Nutzen er diesem Wert zumißt (beispielsweise, mit welcher Kapazitätsauslastung er wie zufrieden ist). Daher werden Nutzenfunktionen definiert, die die Zufriedenheit des Problemstellers, abhängig vom Wert jeder einzelnen Zielfunktion, angeben. Der Ablauf zur Definition von Nutzenfunktionen ist in Bild 7.1-5 dargestellt. Da für jede Zielfunktion, d.h. Zuordnungsfunktion oder Anpassungsfunktion, eine Nutzenfunktion zu definieren ist, muß die in Bild 7.1-5 definierte Schleife für jede Zielfunktion durchlaufen werden.

Nach der Durchführung der in Kapitel 7.1 beschriebenen Schritte ist das Optimierungsinteresse, d.h. die Freiheitsgrade und das Optimierungsziel der Optimierungsaufgabe, im Optimierungsmodell mit seinen Variablen, formalen Nebenbedingungen, Zielfunktionen und Nutzenfunktionen vollständig beschrieben. Es gilt nun, die für die Optimierung benötigten Daten in einem Objektmodell zu beschreiben und diese dem Optimierungsmodell mittels der Modelltransformation zugänglich zu machen.

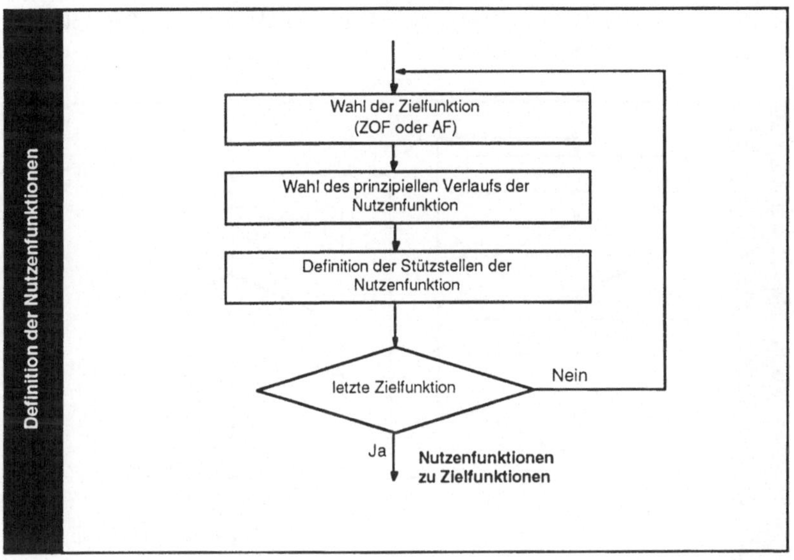

Bild 7.1-5:   Definition der Nutzenfunktionen

7.2   Definition des Objektmodells als Teil des betrieblichen Informationsmodells

Das Objektmodell beschreibt Elemente (z.B. Aufträge, Leistungseinheiten, Maschinen) des betrieblichen Informationsmodells und hat die Aufgabe, die notwendigen Daten für das Optimierungsmodell zur Verfügung zu stellen. Damit muß es mindestens die Objekte umfassen, die im Optimierungsmodell benötigt werden. Da es Ziel ist, Optimierungsmodelle mit bestehenden betrieblichen Informationsmodellen zu verbinden, sollen die benötigten Objekte möglichst in einem bestehenden Objektmodell, typischerweise innerhalb eines PPS-Systems, identifiziert - das Objektmodell hat dann dokumentarischen Charakter - und nur dann mittels der in dieser Arbeit vorgestellten Konstrukte neu angelegt werden, falls diese dort nicht vorhanden sind. Anlegen bedeutet hier das Definieren von Klassen und das Definieren von Instanzen dieser Klassen. Das Objektmodell besteht aus einem statischen und einem dynamischen Teilmodell, das dann benötigt wird, wenn mehrperiodische Optimierungsaufgaben zu modellieren sind (siehe Kapitel 7.1).

Das statische Objektmodell umfaßt die im Sinne der Aufgabenstellung planungsrelevanten Komponenten, d.h. Ressourcen und Artikel (z.B. Produkte oder Teile), und ihre Eigenschaften und Relationen zunächst ohne einen Zeit- oder Mengenbezug. Der Ablauf der Definition ist in Bild 7.2-1 dargestellt.

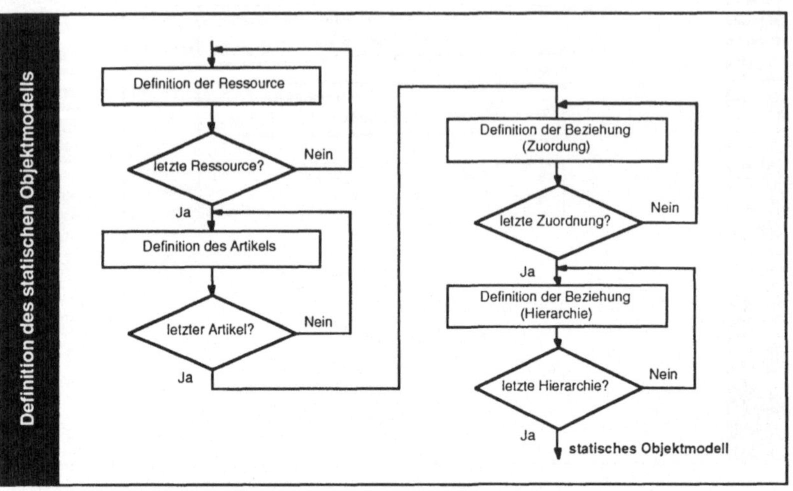

Bild 7.2-1:   Definition des statischen Objektmodells

Als erster Schritt sind die zu betrachtenden Ressourcen (Leistungseinheiten und/oder Anlagen, Maschinen, Mitarbeiter, Werkzeuge) zu identifizieren bzw. zu modellieren, d.h. Objektklassen und Spezialisierungen gemäß Bild 6.1-1 zu definieren und mindestens die Instanzen anzulegen, die im Optimierungsmodell bei der Definition der Zuordnungs- oder Anpassungsvariablen angesprochen werden. Zu jeder Ressource ist als Merkmal die Kapazitätsmaßeinheit festzulegen, d.h. die Einheit, in der ihre Kapazität gemessen wird (siehe Kapitel 6.1.1.1). Daraufhin sind Artikel zu definieren, d.h. alle Produkte, Baugruppen, Einzelteile und Materialien, die in dem betrachteten Produktionssystem hergestellt oder bearbeitet werden können und für deren Aufträge Zuordnungsnotwendigkeit besteht.

Auf Basis der definierten Ressourcen und Artikel sind die zwei- oder mehrdimensionalen Beziehungen zwischen ihnen zu definieren, wobei im Beziehungsteil die betroffenen Ressourcen oder Artikel anzulegen sind und im Beschreibungsteil die Attribute, die diese Beziehung beschreiben (typischerweise Bearbeitungszeiten oder Kosten, siehe Kapitel 6.1.1.2, speziell Bild 6.1-2). Hierarchien als spezielle Beziehungen gliedern Ressourcen (nicht jedoch Artikel). Diese Hierarchien sind gemäß Kapitel 6.1.1.2 zu definieren, wobei solche Hierarchien anzulegen sind, die für die Aggregation von Kapazitäten im

137

Rahmen der in Kapitel 6.3 beschriebenen Kapazitätsbedarfs- und -angebotsrechnung notwendig sind.

Das dynamische Modell ergänzt das statische Modell um den Zeitbezug und die Menge, d.h. es bildet auf Basis der Objekte des statischen Modells zeitdynamische Systemzustände ab. Durch die fortlaufende Betrachtung der Zustände über den Planungszeitabschnitten entstehen dynamische Objekte. Zur Abbildung von Zuordnungs- und Anpassungsaufgaben sind aus den in Bild 7.2-2 definierten Objekten die jeweils fallspezifisch notwendigen auszuwählen und zu definieren.

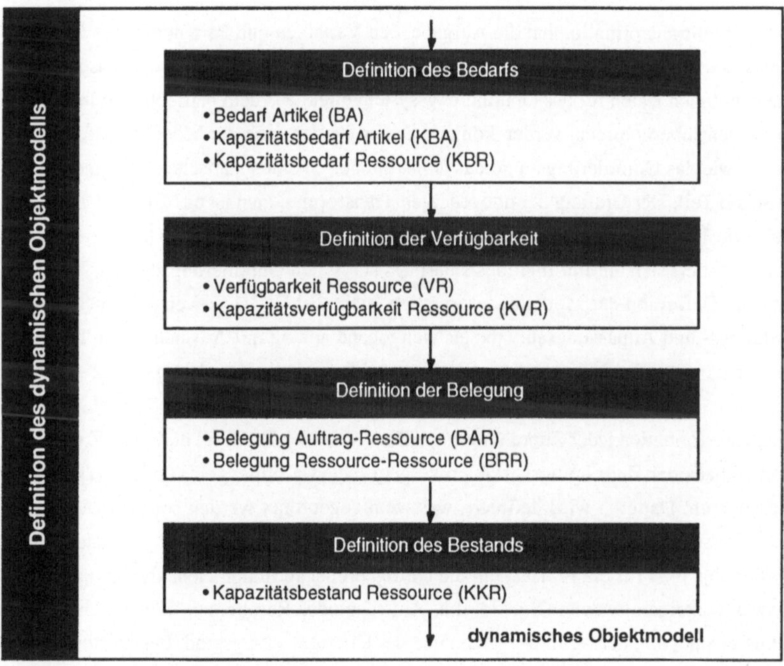

Bild 7.2-2:   Definition des dynamischen Objektmodells

Welche dynamischen Objekte jeweils notwendig sind, hängt von der jeweiligen Zuordnungs- bzw. Anpassungsaufgabe ab. Bild 2.2-3 gibt einen Überblick über deren Freiheitsgrade. Falls Aufträge betrachtet werden, sind der Bedarf Artikel (*BA*) und der Kapazitätsbedarf Artikel (*KBA*) notwendig sowie die Belegung Auftrag-Ressource (*BAR*). Bei der Anpassungsaufgabe ist die Verfügbarkeit von Ressourcen pro Planungszeitabschnitt ein Freiheitsgrad. Daher ist die Verfügbarkeit Ressource anzugeben. Bei dynamischen Modellen, bei denen über Planungszeitabschnitte hinweg eine summarische Betrachtung notwendig ist, wird der Kapazitätsbestand Ressource (*KKR*) benötigt.

Mit diesen Arbeiten ist das Objektmodell vollständig beschrieben. Die folgende Modelltransformation stellt abschließend den Zusammenhang zwischen Optimierungs- und betrieblichem Objektmodell her.

7.3 Definition der Modelltransformation

Die Modelltransformation hat die Aufgabe, den Variablen und Parametern des Optimierungsmodells die jeweiligen Objekte und Attribute des Objektmodells zuzuweisen, damit die benötigten Daten für das Optimierungssystem direkt aus dem betrieblichen Informationssystem übernommen werden können. Daher gliedert sich die Modelltransformation genau wie das Optimierungs- und das Objektmodell in einen statischen und einen dynamischen Teil. Der Umfang der notwendigen Transformationen ist aus Bild 6.3-1 ersichtlich. Die Transformation des statischen Objektmodells in das statische Optimierungsmodell orientiert sich am Informationsbedarf des statischen Optimierungsmodells. Der Ablauf der Definition der Modelltransformation (siehe Bild 7.3-1) erweist sich bei der Zuordnungs- und Anpassungsaufgabe als weitgehend analog mit Ausnahme der Transformation der formalen Nebenbedingung, die ausschließlich die Zuordnungsaufgabe betrifft.

Die Transformation jeder Zuordnungsvariablen (Kapitel 6.3) erfolgt durch die Zuweisung von Indizes der Zuordnungsvariablen zu geordneten Teilmengen von Aufträgen oder Ressourcen. Dadurch wird definiert, was wem zugeordnet werden soll, beispielsweise beim Personaleinsatz die betroffenen Mitarbeiter und Arbeitsplätze. Für formale Nebenbedingungen ist für die Indizes, die die Gültigkeit der formalen Nebenbedingung angeben, aufzuzeigen, welche Objekte, d.h. Aufträge oder Ressourcen, mit diesen Indizes gemeint sind, d.h. der Geltungsbereich und der Differenzierungsgrad. Für Zielfunktionen ist - zusätzlich zum Geltungsbereich - für das Gewicht oder den Funktionsterm zur Berechnung der Zielfunktion anzugeben, auf welche Beziehung des Objektmodells zurückgegriffen wird (z.B. Kostensätze). Bei Anpassungsmodellen erfolgt die Transformation weitgehend analog. Unterschiede ergeben sich daraus, daß Anpassungsvariablen gemäß der Prämisse der bedarfsorientierten Produktion sich nur auf Teilmengen von Ressourcen beziehen, nicht jedoch auf Teilmengen von Aufträgen, d.h. alle Aufträge sind zu erfüllen.

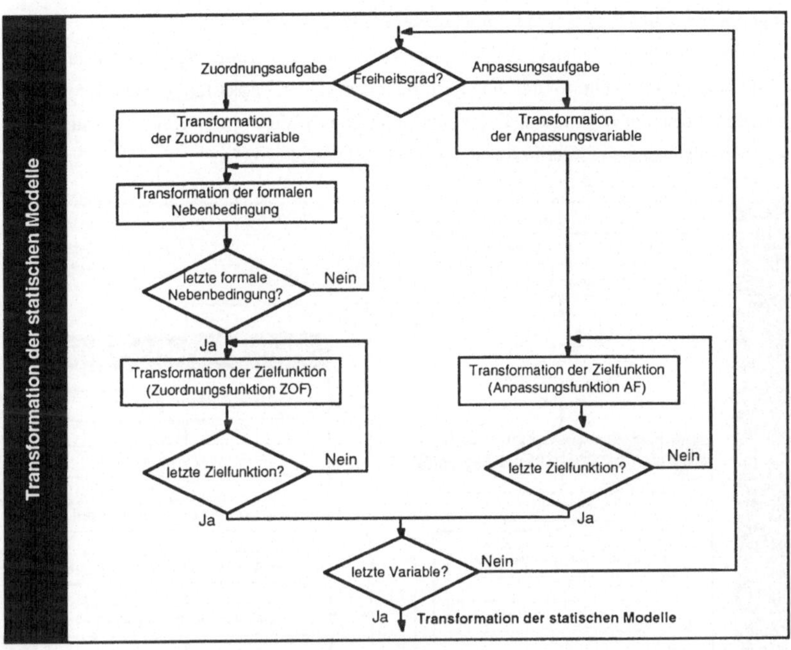

Bild 7.3-1:   Transformation der statischen Modelle

Für die dynamische Erweiterung der Zuordnungs- und Anpassungsmodelle ist die Modelltransformation ebenfalls um den Zeitbezug zu erweitern. Der Ablauf zur Definition der Modelltransformation (Bild 7.3-2) umfaßt in erster Linie die Transformation für Änderungsvorgänge bei Zuordnungsfunktionen und die Durchführung der Kapazitätsbedarfs- bzw. -angebotsrechnung, die dazu dient, Kapazitätsangebot und Kapazitätsbedarf durch den gleichen Ressourcenbezug unmittelbar vergleichbar zu machen.

Die dynamische Erweiterung des Optimierungsmodells um Änderungsvorgänge für Ersatzzuordnungen bzw. das Veranlassen/Auflösen einer Zuordnung bedingt einen Verweis zur Definition des Aufwands beim Wechsel der Zuordnung bzw. beim Veranlassen/ Auflösen der Zuordnung (z.B. Rüstzeiten oder -kosten). Zur Durchführung der Kapazitätsbedarfsrechnung ist eine primäre Ressource zu wählen, deren Kapazitätsbedarf bekannt ist, und eine sekundäre Ressource anzugeben, deren Kapazitätsbedarf berechnet werden soll (siehe Bild 6.3-2). Die eigentliche Durchführung der Kapazitätsbedarfsrechnung erfolgt gemäß der in Kapitel 6.3 angegebenen Formeln. Zur Durchführung der Kapazitätsangebotsrechnung ist eine primäre Ressource zu wählen, deren Kapazitätsangebot bekannt ist, und eine sekundäre Ressource anzugeben, deren Kapazitätsangebot berechnet werden soll (siehe Bild 6.3-4). Weiter ist der Freiheitsgrad der Zuordnung (feste oder variable Zuordnung) und der Freiheitsgrad der Anpassung (feste oder variable Verfügbarkeit) zu definieren. Die eigentliche Durchführung der Kapazitätsangebotsrechnung erfolgt gemäß der in Kapitel 6.3 angegebenen Formeln.

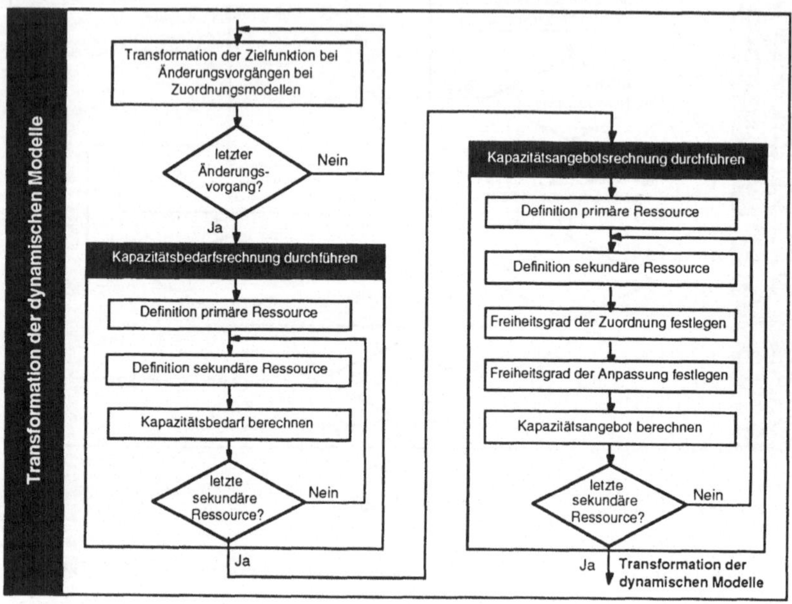

Bild 7.3-2:   Transformation der dynamischen Modelle

Damit sind sämtliche Teilabläufe der Modellierung, d.h. die Definition des Optimierungsmodells, des betrieblichen Objektmodells und der Modelltransformation bekannt und können zu einem Gesamtablauf zusammengefügt werden.

7.4   Gesamtablauf der Modellierung

Der Gesamtablauf zur Modellierung von Zuordnungs- und Anpassungsmodellen im Rahmen der Kapazitätsabstimmung in der bedarfsorientierten Serienproduktion ist im folgenden Bild 7.4-1 dargestellt.

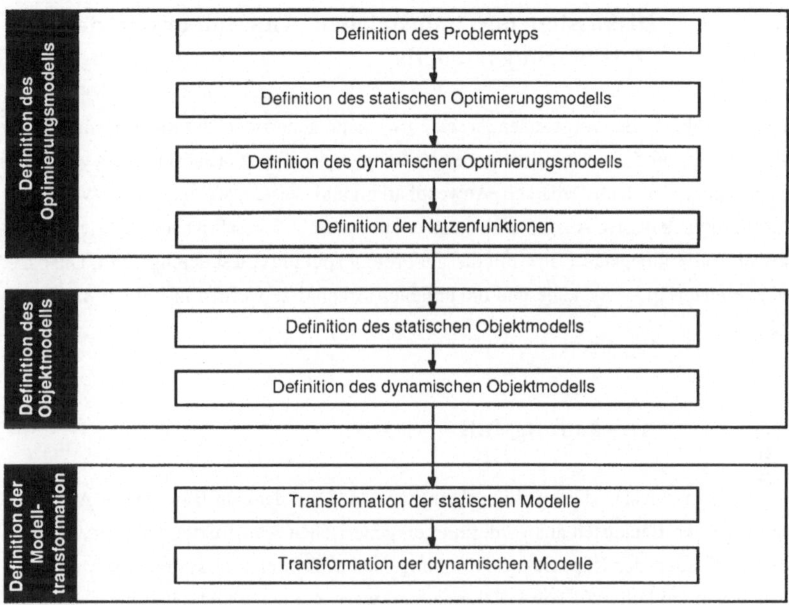

Bild 7.4-1:   Gesamtablauf der Modellierung

Ergebnis der Modellierung ist ein anwendungsspezifisch spezialisiertes und instantiiertes

- Optimierungsmodell mit seinen Variablen, formalen Nebenbedingungen, Zielfunktionen und Nutzenfunktionen, ein

- Objektmodell mit der Identifizierung der für die Optimierung benötigten Daten des betrieblichen Informationsmodells sowie eine Vorschrift zur

- Modelltransformation, mittels der die Daten des Objektmodells dem Optimierungsmodell zugänglich gemacht werden können.

Im folgenden Kapitel 8 soll die Anwendung des vorgestellten Modells beispielhaft bei der Integration eines Optimierungssystems in ein betriebliches Informationssystem aufgezeigt werden.

8 Diskussion der industriellen Anwendbarkeit des Optimierungsmodells

Das im Rahmen der vorgelegten Arbeit entwickelte generische Optimierungsmodell für Zuordnungs- und Anpassungsaufgaben im Rahmen der Kapazitätsabstimmung wurde zur Verifikation der Realisierbarkeit, Anwendbarkeit und Leistungsfähigkeit als DV-gestützter Prototyp realisiert. Ausgehend von einem in Kapitel 8.1 beschriebenen speziellen konkreten Anwendungsfall wurde mit diesem Prototyp ein Praxistest durchgeführt. Die dabei verwendeten EDV-Systeme und die erzielten Ergebnisse werden in Kapitel 8.2 dargestellt.

8.1 Anwendungsfall

Der Anwendungsfall dient dazu nachzuweisen, daß mit dem auf Basis dieser Arbeit bereitgestellten Baukasten aus vordefinierten generischen Konstrukten typische Optimierungsaufgaben der Kapazitätsabstimmung (siehe Kapitel 2.2) systematisch und aufwandsarm modelliert[406] sowie dokumentiert werden können und daß mittels des realisierten Prototypen der gesamte Lösungsweg der Problemlösung von der Modellierung über die Datenversorgung bis zum Einsatz eines üblichen Softwaresystems zur Optimierung beschritten werden kann.

Dazu wird eine klassische Problemstellung der Ablaufsteuerung gewählt und hinsichtlich der Kapazitätsflexibilität erweitert: die Zuordnung[407] von Aufträgen zu Maschinen (siehe Kapitel 2.2). Jeder Auftrag aus einem Arbeitsvorrat ist auf einer beliebigen von drei verfügbaren Maschinen komplett zu bearbeiten. Die Machbarkeit der Aufträge auf den Maschinen, d.h. die Prozeßfähigkeit[408] der Maschinen und damit die Einhaltung vorgegebener Toleranzen ist gegeben, mit der Ausnahme, daß Auftrag 1 nicht auf Maschine 2 bearbeitet werden darf. Die Reihenfolge der Bearbeitung muß nicht optimiert werden, da reihenfolgeabhängige Rüstaufwände vernachlässigt werden können und die

---

[406] Es muß nicht nachgewiesen werden, daß alle Aufgaben modelliert werden können. Nur zweitrangig ist nachzuweisen, daß die Optimierung entsprechende Nutzeffekte bringt.

[407] Diese Aufgabe kann als Erweiterung des „Machine Loading Problem" aufgefaßt werden, bei dem n Jobs auf m Maschinen mit unterschiedlichen Kosten zugeordnet werden (siehe Ham (1985) S. 43ff und Geske (1997) S. 39f).

[408] Eine Erweiterung des Modells durch eine Differenzierung der Prozeßfähigkeit mit einem kontinuierlichen Wert und damit die Einbeziehung von möglichen Kosten für Nacharbeit ist möglich.

Mitarbeiter selbstorganisatorisch vor Ort Reihenfolgen bilden. Die Bearbeitungsdauern der Aufträge inklusive Rüstzeiten auf den Maschinen sind maschinenabhängig unterschiedlich, ebenso die variablen Maschinenstundensätze. Die Dauer des Einsatzes der Maschinen (Planverfügbarkeit) ist variabel mit einer Begrenzung von täglich maximal 9 Stunden. Maschine 1 soll täglich mindestens 6 Stunden, besser aber 7,5 Stunden genutzt werden, da die Mitarbeiter nicht anderweitig eingesetzt werden können.

Optimierungsziel ist es, die Aufträge so den drei Maschinen zuzuordnen (Bild 8.1-1), daß

- alle anstehenden Aufträge an einem Tag bearbeitet werden,

- zugleich die gesamten variablen Fertigungskosten minimiert werden,

- die maximale Verfügbarkeit von täglich 9 Stunden jeder Maschine nicht überschritten und Maschine 1 täglich mindestens 6 Stunden eingesetzt wird sowie

- die Gesamtbearbeitungszeit minimiert wird.

Damit treten in dieser Aufgabenstellung mehrere Ziele auf, die gleichzeitig zu erfüllen sind.

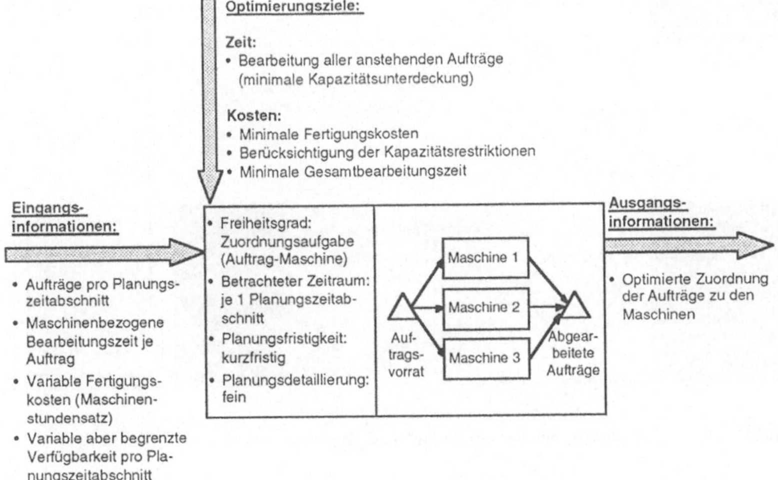

Bild 8.1-1:   Konkrete Zuordnungsaufgabe im Anwendungsfall

8.2 Lösung des Anwendungsfalls als Praxistest

Der betrachtete Produktionsbereich stellt einen Engpaß dar, wobei die genannten drei Maschinen eine diskontinuierliche und wechselnde Auslastung aufweisen. Dieser Engpaß wird sich bei der geplanten Erhöhung des Durchsatzes noch erhöhen, wie die Simulation der gesamten Produktion mit einem DV-gestützten Werkzeug ergab. Um die Leistungsfähigkeit hinsichtlich Durchsatz, Kosten und Zeit sicherzustellen, mußte die in Kapitel 8.1 beschriebene Aufgabe der optimalen Zuordnung von Aufträgen zu den Maschinen gelöst werden, wobei der Einsatz von Prioritätsregeln nicht die gewünschten Resultate lieferte. Daher wurde das leistungsfähige[409] DV-gestützte Standardoptimierungswerkzeug XPRESS-MP zur prototypischen Lösung dieser Optimierungsaufgabe eingesetzt. Zur notwendigen Datenversorgung waren das betriebliche Informationssystem und das Optimierungssystem datentechnisch zu verknüpfen, was ein Vorhandensein des Optimierungsmodells in XPRESS-MP, die Identifizierung und Dokumentation der notwendigen Datenstrukturen des betrieblichen Informationsmodells und die Transformation beider Modelle ineinander bedeutete (siehe Bild 8.2-1, unterer Teil).

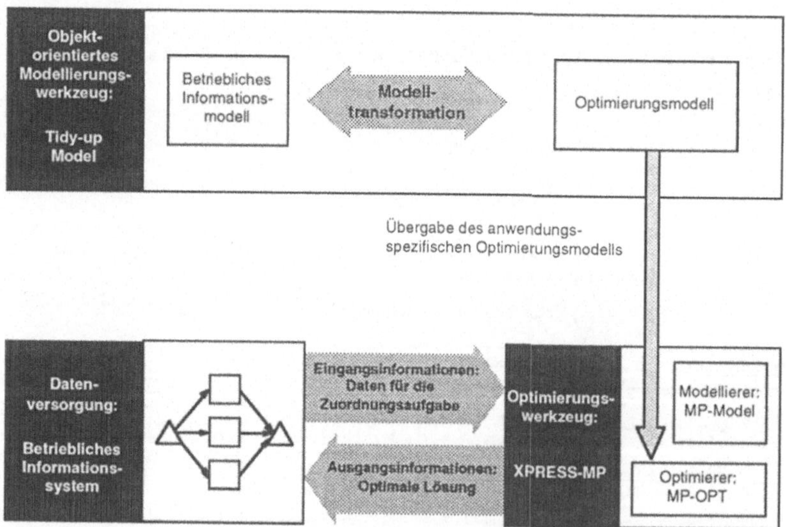

Bild 8.2-1: Architektur der verwendeten EDV-Systeme

---

[409] Siehe Biederbick (1998) S. 160.

Da das eingesetzte Optimierungssystem XPRESS-MP gemäß Kapitel 4.1.2 charakteristische Schwächen bei der aufgabenorientierten Modellierung und Benutzungsfreundlichkeit zeigt, war es notwendig, die in dieser Arbeit entwickelten generischen Bausteine zur Modellierung der Optimierungsaufgabe, des betrieblichen Informationsmodells und der notwendigen Modelltransformation in einem objektorientierten Modellierungssystem, tidy-up Model[410], zu realisieren. Gemäß Bild 5.3 wurde mit dem dort vorgestellten Ablauf der Modellierung durch eine geführte wiederholte Auswahl und Spezifikation der zur Verfügung gestellten generischen Konstrukte ein anwendungsspezifisches Optimierungsmodell aus Variablen, Ziel- und Nutzenfunktionen erstellt und an das Optimierungssystem XPRESS-MP übergeben (siehe Bild 8.2-2, oberer Teil). Das Modellierungsmodul MP-Model in XPRESS-MP wurde so durch das in dieser Arbeit entwickelte Modellierungswerkzeug ersetzt. Das objektorientierte betriebliche Informationsmodell und die Modelltransformation in tidy-up Model haben in diesem Beispiel dokumentarischen Charakter, da die notwendigen Daten bereits im betrieblichen Informationssystem vorhanden waren. Das im entwickelten Prototypen hinterlegte Optimierungsmodell des in Kapitel 8.1 skizzierten Anwendungsfalls stellt sich vereinfacht wie folgt dar:

Variablen:

α	Aufträge	$\alpha = 1, \dots 10$ zu bearbeitende Aufträge
β	Maschinen	$\beta = 1, 2, 3$ vorhandene Maschinen
$\xi_{\alpha,\beta} = $ binär	Zuordnungsvariable Auftrag-Maschine	$\xi_{\alpha,\beta} = 1$, falls Auftrag α auf Maschine β bearbeitet wird, 0 sonst

Nebenbedingungen:

$\sum_{\beta} \xi_{\alpha,\beta} = 1$	Zuordnung $\forall\ \alpha = $ Aufträge	Jeder Auftrag muß auf genau einer Maschine bearbeitet werden
$\xi_{1,2} = 0$	Vorbelegung	Auftrag 1 darf nicht auf Maschine 2 bearbeitet werden

---

[410] Tidy-up Model ist ein objektorientiertes Modellierungswerkzeug mit einer graphischen Komponente, siehe tidy-up Model (1997) S. 1 ff.

Jeder der Zielfunktionen wird eine verkettete Nutzenfunktion (siehe Bild 8.2-2) zugeordnet, die anzeigt, inwieweit der Anwender mit dem erreichten Ziel zufrieden ist. Der Nutzen, d.h. die Zufriedenheit, beträgt bis zu einem unteren Wert (1. Stützstelle) der Zielfunktion null, steigt linear an, bis bei einem zweiten Wert die volle Zufriedenheit eins eintritt. Ab dem dritten Wert sinkt die Zufriedenheit, bis sie bei einem vierten Wert null erreicht (völlige Unzufriedenheit).

		1. Stützstelle: unzufrieden bis	2. Stützstelle: zufrieden ab	3. Stützstelle: zufrieden bis	4. Stützstelle: unzufrieden ab
$\sum_{\alpha,\beta} k_{\alpha,\beta}\, \xi_{\alpha,\beta}$	Gesamtkosten (in Geldeinheiten GE)	-	-	320	460
$\sum_{\alpha} b_{\alpha,1}\, \xi_{\alpha,1}$	Kapazität Maschine 1 (h)	6	7,5	8	9
$\sum_{\alpha} b_{\alpha,2}\, \xi_{\alpha,2}$	Kapazität Maschine 2 (h)	-	-	8	9
$\sum_{\alpha} b_{\alpha,3}\, \xi_{\alpha,3}$	Kapazität Maschine 3 (h)	-	-	8	9
$\sum_{\alpha,\beta} b_{\alpha,\beta}\, \xi_{\alpha,\beta}$	Gesamtbearbeitungszeit (h)	-	-	20	24

Bild 8.2-2:   Ziel- und Nutzenfunktionen (siehe Kapitel 6.2.3)[411]

Dabei haben die Parameter folgende Bedeutung:

$k_{\alpha,\beta}$ Kosten der Bearbeitung des Auftrags α auf der Maschine β

$b_{\alpha,\beta}$ Dauer der Bearbeitung des Auftrags α auf der Maschine β

Der Erfolg der Optimierung wird durch einen Vergleich der erreichten Ziele und der damit verbundenen Zufriedenheit deutlich (Bild 8.2-3). Der Gesamtnutzen ergibt sich gemäß Kapitel 6.2.3 als Minimum der Einzelnutzen und ist bei der optimierten Zuordnung deutlich höher als bei der Zuordnung nach dem FIFO-Prinzip.

---

[411] Alle Werte wurden verändert und gerundet.

Ziel	Optimierte Zuordnung		Zuordnung nach FIFO	
	Zielwert	Nutzen	Zielwert	Nutzen
Gesamtkosten (in Geldeinheiten GE)	345,3	0,8	373,4	0,6
Kapazität Maschine 1 (h)	7,9	1	7,0	0,7
Kapazität Maschine 2 (h)	6,5	1	6,2	1
Kapazität Maschine 3 (h)	5,4	1	8,0	1
Gesamtbearbeitungszeit (h)	19,9	1	21,3	0,7
Gesamtnutzen		0,8		0,6

Bild 8.2-3:   Erreichte Zielwerte und Zufriedenheit

Die wesentlichen Ergebnisse können wie folgt zusammengefaßt werden:

- Die gesteckten Optimierungsziele (vgl. Bild 2.3-3) hinsichtlich der Minimierung der Gesamtbearbeitungszeit und der Minimierung der Bearbeitungskosten aus Bearbeitungszeit und Stundensatz der Betriebsmittel konnten unter Nutzung des flexiblen Kapazitätsangebots erreicht werden. Wie in Bild 8.2-2 bis 8.2-4 an einem exemplarischen Beispiel von zehn zuzuordnenden Aufträgen mit veränderten Daten dargestellt ist, weist die mittels XPRESS-MP errechnete optimale Lösung sowohl bei den summierten Kosten als auch bei der Bearbeitungszeit signifikant bessere Werte auf als eine nicht optimierte Zuordnung der Aufträge nach dem FIFO-Prinzip. In der Praxis konnte eine Steigerung des Durchsatzes am Engpaß um 3-5% nachgewiesen werden. Die Leistungsfähigkeit des Optimierungssystems ist damit für dieses Anwendungsbeispiel nachgewiesen und somit die Existenz von Anwendungsfällen[412] belegt, bei denen der Einsatz des Optimierungssystems signifikante wirtschaftliche Effekte zeigt.

- Die prinzipielle Realisierbarkeit des Baukastens aus generischen Bausteinen, dessen Anwendbarkeit zur Modellierung einer speziellen Optimierungsaufgabe und die Anbindbarkeit von Standardsoftware zur Optimierung ist ebenfalls an dieser beispielhaften Architektur durch die Realisierung eines Prototypen nachgewiesen. Die Durchführungsziele für die Modellierung, d.h. die Modellierung schnell, anpassungsfähig, aufwandsarm, nachvollziehbar und systematisch durchzuführen, konnten ebenfalls erreicht werden, wobei der Nutzen vor allem in der Systematik der Modellierung inklusive der Dokumentation (siehe Bild 8.2-5) und Änderbarkeit zu sehen ist, weniger beim reduzierten Aufwand zur Programmierung eines einmaligen Zuordnungsmodells. Eine Quantifizierung des Nutzens ist auf Basis der prototypischen Realisierung nicht möglich. Sie ist weiterführenden Arbeiten vorbehalten.

- Die qualitative Leistungsfähigkeit des generischen Optimierungsmodells für Zuordnungs- und Anpassungsaufgaben im Rahmen der Kapazitätsabstimmung ist durch den Umfang der Unterstützung des Benutzers bestimmt. Dieser wird durch einen geführten Ablauf der Modellierung, eine systematische Auswahl und Spezialisierung von vordefinierten Konstrukten sowie eine mitlaufende Dokumentation unterstützt. Eine Grenze wird dadurch gesteckt, daß zur Modellierung weiterhin mathematischer Sachverstand in dem Maße notwendig ist, wie ihn ein Projektingenieur aufbringen kann. Eine spezifische mathematische Ausbildung und die exakte Kenntnis der Syntax des Optimierungssystems sind nicht notwendig.

- Schwierigkeiten traten vor allem bei der notwendigen Einbindung kommerziell verfügbarer Optimierungswerkzeuge auf, da diese das Optimierungsmodell in einer Datei ablegen, die zwar eine individuell definierte Struktur besitzt, aber auf deren Elemente nicht so einfach und gezielt zugegriffen werden kann, wie dies bei einer Datenbank der Fall ist. Daher mußte diese Datei mit dem Optimierungsmodell aus tidy-up erzeugt werden. Bei der Anbindung eines anderen Optimierungswerkzeugs ist diese Schnittstelle wiederum individuell zu realisieren.

---

[412] Wie in Kapitel 4.1 und der dort aufgeführten Literatur gezeigt weisen Optimierungssysteme in vielen Fällen der industriellen Anwendung Erfolge auf. Das Einsatzgebiet der Optimierung der Kapazitätsabstimmung ist in Kapitel 2.2.2 beschrieben.

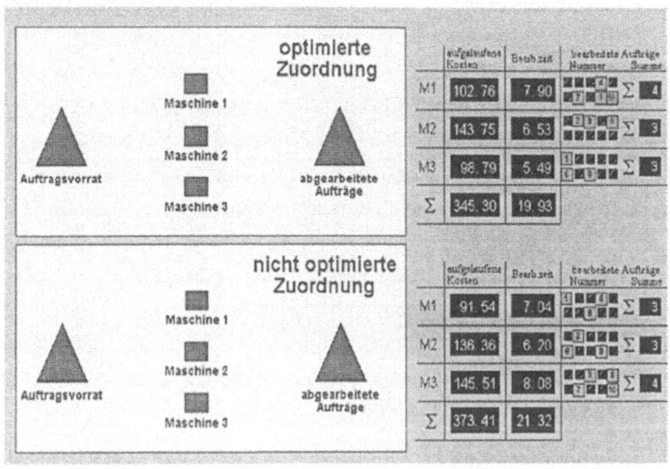

Bild 8.2-4: Ergebnis eines Anwendungstests mit veränderten Daten: Optimierte Zuordnung versus nicht optimierte Zuordnung nach FIFO

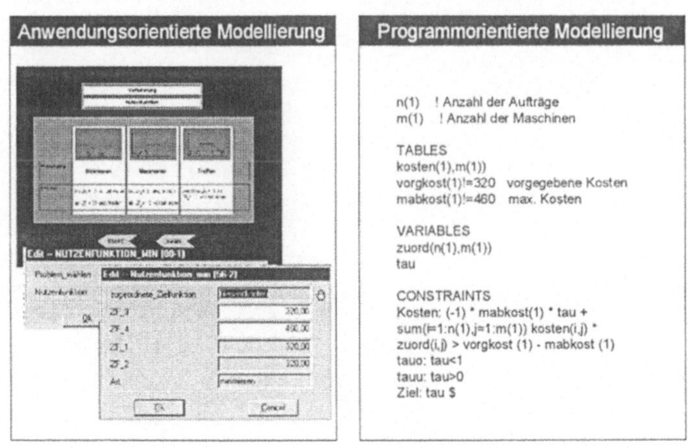

Bild 8.2-5: Vergleich der anwendungsorientierten Modellierung auf Basis dieser Arbeit mit der herkömmlichen programmorientierten Modellierung

Es wird aber in weiterführenden Arbeiten möglich, einen Standard[413] für Optimierungsmodelle zu verwenden, der die Realisierung der Schnittstelle stark vereinfacht.

- Die quantitativen Grenzen der Anwendbarkeit des generischen Optimierungsmodells werden durch den Umfang der zur Verfügung gestellten generischen Bausteine abgesteckt. Die modellierbaren Anwendungsfälle können aber aus grundsätzlichen Gründen mit vertretbarem Aufwand[414] nicht beschrieben werden: Dazu müßte für jeden Anwendungsfall eine vollständige Prämissenliste definiert werden, die zu umfangreich würde. Außerdem wäre die Anzahl der Modelle so groß, daß die Suche nach einem bestimmten Modell einen unverhältnismäßig hohen Aufwand nach sich ziehen würde. Die Anwendbarkeit des Optimierungsmodells wurde aber an anderen Beispielen[415] überprüft. Die objektorientierte Plattform des Baukastens garantiert die notwendige einfache Erweiterbarkeit der Bibliothek der Modellbausteine.

---

[413] Das Optimierungsmodell wird dabei in einem standardisierten Matrixformat, dem MPS-Format, übergeben (siehe XPRESS-MP (1993) S. 234).

[414] Siehe Müller-Merbach (1972) S. 20f.

[415] Z.B. ist das Modell zur Personaleinsatzplanung in Braun (1994) S. 68ff modellierbar.

9 Zusammenfassung und Ausblick

Wettbewerbsfähige produzierende Unternehmen erreichen Kosten- und Zeitziele auch
unter der erschwerenden Randbedingung eines stark schwankenden Auftragseingangs,
indem sie mit den Kapazitäten der Produktion den Schwankungen des Auftragseingangs
folgen. Die vorliegende Arbeit leistet einen Beitrag zur optimierten Kapazitätsabstimmung, bei der die Freiheitsgrade der Zuordnung von Aufträgen zu internen und externen
Leistungseinheiten und des zeitlich und örtlich flexiblen Ressourceneinsatzes optimal genutzt werden.

Wie die formulierten Anforderungen und der Stand der Forschung und Technik zeigen,
treten optimal zu lösende Zuordnungs- und Anpassungsaufgaben im Rahmen der Kapazitätsabstimmung vielgestaltig auf. Daher sind für den effizienten Einsatz von verfügbaren
Standard-Softwaresystemen zur Optimierung Hilfsmittel zur Modellierung der Optimierungsaufgabe erforderlich. Die Neuartigkeit des gewählten Lösungsansatzes besteht
darin, die auftretenden Zuordnungs- und Anpassungsaufgaben zu zerlegen und mittels
feingranularer und standardisierter Bausteine zu beschreiben.

Dazu wurden mehrere neuartige Verfahrensbausteine entwickelt und in einen Verfah-
rensablauf zur Modellierung einer spezifischen Optimierungsaufgabe integriert. So
konnte ein objektorientierter Baukasten aus generischen Konstrukten entwickelt werden,
mit dem unternehmens- und aufgabenindividuelle Optimierungsmodelle schnell und effizient entwickelt werden können. Mittels der zur Verfügung gestellten generischen Bausteine können die in die Optimierungsaufgabe einzubeziehenden Aufträge, Ressourcen
und Zeiträume innerhalb des betrieblichen Informationsmodells frei modelliert oder identifiziert werden. Weiterhin ist es möglich, die Freiheitsgrade und Ziele der Optimierungsaufgabe in einer aufgabenorientierten Form abzubilden, wobei auch mehrere Ziele mittels
unscharfer Anspruchsniveaus berücksichtigt werden können. Der kostengünstige Einsatz
von Standard-Optimierungssystemen zur Errechnung optimaler Lösungen auf Basis des
entwickelten Optimierungsmodells und die Anbindung vorhandener betrieblicher Informationssysteme ist möglich. Die bisher eingesetzten Optimierungsmodelle dagegen sind
in der Regel mit großem Aufwand individuell entwickelte Spezialmodelle und kaum wie-
derverwertbar.

Durch Praxistests mit einem DV-technisch realisierten Prototypen konnte der Nachweis
der Realisierbarkeit, Anwendbarkeit und Leistungsfähigkeit des Optimierungsmodells erbracht werden. Neben einer systematischen, geführten und daher aufwandsarmen Modellierungstätigkeit ist die leichte Änderbarkeit und Anpaßbarkeit der entwickelten Optimie-

rungsmodelle ein Fortschritt gegenüber dem Stand der Forschung und Technik. Die Anwendung der Modelle zur Lösung individueller betrieblicher Aufgaben erzielte Nutzeffekte hinsichtlich Kosten, Zeit und Qualität.

Ansätze für weiterführende Arbeiten auf dem Gebiet der Optimierungsmodelle für Zuordnungs- und Anpassungsaufgaben im Rahmen der Kapazitätsabstimmung ergeben sich aus der beschränkten Bibliothek der bereitgestellten Konstrukte. Diese ist um weitere generische Klassen zu erweitern, die sich aus der Anwendung in der Praxis ergeben. Konstrukte zur Modellierung von Aufgaben der Maschinenbelegungsplanung sind eine sinnvolle Ergänzung der bereitgestellten Bausteinbibliothek. Weiterhin ist anzustreben, neben XPRESS-MP weitere Optimierungssysteme an das entwickelte Modellierungswerkzeug anzubinden, speziell „ILOG´s optimization suite". Ein Ausbau zu einer „Optimierungstestplattform", bei der verschiedene Optimierungswerkzeuge angebunden werden können, ist Vorarbeit, um in wenigen Jahren Optimierungswerkzeuge situationsbezogen via Internet zur Lösung der Optimierungsaufgabe heranziehen zu können. Ebenso ist eine präventive Optimierung anzustreben, mit der der betriebliche Entscheider eine Optimierung durchführen und sich mittels einer Simulation vor Augen führen kann, wie die Produktion der Folgeperiode durchgeführt werden soll. Sensitivitätsanalysen zur Bewertung der Stabilität einer Lösung können die Entscheidungsfindung absichern und deren Umsetzung erleichtern.

Darüber hinaus ergeben sich Ansätze für weiterführende Arbeiten aus dem Zusammenwirken der mittelfristigen Kapazitätsabstimmung mit weiteren betrieblichen Planungstätigkeiten, speziell mit der kurzfristigen Maschinenbelegungsplanung oder dem Scheduling. Auf Basis abgestimmter Kapazitäten kann die Aufgabe der Maschinenbelegung weit besser gelöst werden als bei der Vorgabe eines manuell ausgewählten oder gar starren Kapazitätsangebots.

10 Literaturverzeichnis

Additive (1995)   Additive: Soft- und Hardware für Technik und
                                    Wissenschaft.
                                    Friedrichsdorf / Ts, 1995 - Firmenschrift

Afentakis   Afentakis, P.;   Optimal Lot-Sizing Algorithms for Complex
(1986)   Gavish, B.:   Product Structures.
                                    In: Operations Research 34 (1986) Nr. 2, S. 237-
                                    249

AIMMS (1998)   Paragon   What is AIMMS?
                   Decision   Firmenschrift (WWW-Seite http://www.
                   Technology: paragon.nl./what.html vom 3.4.1998)

Akers (1955)   Akers, S.B. Jr.; A non-numerical approach to production
                   Friedman, J.:   scheduling problems.
                                    In: Operations Research 3 (1955) Nr. 4, S. 429-
                                    442

Arnold (1997)   Arnold, J.;   Einsatz von Simulation und kooperativen
                   Beißwenger, P.; Leitständen.
                   Reisch, O.:   In: Industrie Management 13 (1997) Nr. 2, S. 27-
                                    31

Aupperle   Aupperle, G.;   Planung der Endfertigung in der Möbelindustrie.
(1992)   Moßmann, M.;   In: CIM Management 8 (1992) Nr. 3, S. 36-41
                  Böckmann, F.:

Aupperle   Aupperle, G.;   Planung und Steuerung im Wandel der
(1993)   Burr, G.;   Organisation.
                  Kämpf, R.:   In: Fabrik 43 (1993) Nr. 11/12, S. 23-26

Aupperle (1996a)	Aupperle, G.; Burr, G.; März, L.:	Leitstand-Systeme und ihre Eignung für neue Organisationskonzepte - Ergebnisse einer Marktanalyse. In: Organisation und Informatik im Spannungsfeld von zentralen und dezentralen Strukturen: Arbeitstagung Werkstattmanagement, 25./26. März 1996 in Zürich / Schönsleben, P.; Ulich, E. (Hrsg.). Zürich, ohne Verlag
Aupperle (1996b)	Aupperle, G.; Burr, G.; März, L.:	Leitstand-Systeme und ihre Eignung für neue Organisationskonzepte - Ergebnisse einer Marktanalyse. In: Werkstattmanagement - Organisation und Informatik / Scheerer, E.; Schönsleben, P.; Ulich, E. (Hrsg.). Zürich: vdf Hochschulverlag AG an der ETH Zürich, 1996, S. 205-220
Aupperle (1997)	Aupperle, G.; Burr, G.:	Der Leitstand: Werkzeug für dezentrale Organisationsformen? In: Industrie Management special: Sonderheft PPS-Management (1997), S. P40-P45
AWF (1986)	Ausschuß für wirtschaftliche Fertigung (AWF) e.V. (Hrsg.):	Integrierter EDV-Einsatz in der Produktion. CIM Computer Integrated Manufacturing - Begriffe, Definitionen, Funktionszuordnungen. Eschborn, 1986
Baldwin (1998)	Baldwin, C.Y.; Clark, K.B.:	Modularisierung: Ein Konzept wird universell. In: Harvard Business Manager 20 (1998) Nr. 2, S. 39-48
Baudin (1990)	Baudin, M.:	Manufacturing Systems Analysis. Yourdon Press, 1990

Baumgärtl (1997)	Baumgärtl, H.; u.a.:	Agentenorientierte Koordination des Karossenflusses in der Fahrzeugproduktion. In: Industrie Management 13 (1997) Nr. 2, S. 59-62
Bell (1996)	AT&T Bell Laboratories:	AD with AMPL, a Modeling Language for Mathematical Programming. Murray Hill, New Jersey, 1996 - Firmenschrift (WWW-Seite http://www.wior.uni-karlsruhe.de/ Bibli...or_OR/Modeling_Luanguages/com.AMPL. html vom 10. 10. 1996)
Biederbick (1998)	Biederbick, C.; Suhl, L.:	Optimierungssoftware im Internet. In: Wirtschaftsinformatik 40 (1998) Nr. 2, S. 158-162
Biggs (1985)	Biggs, J.R.:	Priority rules for shop floor control in a material requirements planning system under various levels of capacity. In: International Journal of Production Research 23 (1985), S. 33-46
Blackston (1982)	Blackston, J. H.; Philipps, D. T.; Hogg, G. L.:	A state-of-the-art-survey of dispatching rules for manufacturing job shop operations. In: International Journal of Production Research 20 (1982), S. 27-45
Bleicher (1981)	Bleicher, K.:	Organisation, Formen und Modelle. Wiesbaden: Gabler, 1981

Block (1997)   Block, M.:   smart... not just another car.
                                    Produktionsinnovation durch ein
                                    Integrationskonzept.
                                    In: Hochintegriert und hochintelligent: Fabriken
                                    der neuen Generation: 5. Stuttgarter
                                    Innovationsforum F 25, 3./4. Juni 1997 in
                                    Stuttgart / Westkämper, E.; Schraft, R.D. (Hrsg.).
                                    Stuttgart, ohne Verlag, 1997, S. 39-50

Bock (1990)   Bock, D.B.;   A comparison of due date setting, resource
                 Patterson, J.H.:   assignment and job preemption heuristics for the
                                    multiproject scheduling problem.
                                    In: Decision Sciences Journal 21 (1990) Nr. 2,
                                    S. 387-402

Braun (1994)   Braun, H.-J.:   Ein unscharfes Planungsverfahren zur
                                    mittelfristigen Personalkapazitätsanpassung für die
                                    bedarfsorientierte Serienproduktion.
                                    Stuttgart, Univ., Diss., 1994

Braun (1995)   Braun, H.-J.:   Personaleinsatzplanung auf Basis der Fuzzy-Logik
                                    für bedarfs- und mitarbeiterorientierten
                                    Personaleinsatz.
                                    In: wt. - Produktion und Management 85 (1995),
                                    S. 54-57

Bresser (1994)   Bresser, W.P.;   Kapazitätsabgleich in der Produktionsplanung.
                 Müller, B.:   In: ZwF Zeitschrift für wirtschaftliche Fertigung
                                    89 (1994) Nr. 10, S. 499-501

Bronstein   Bronstein, I.N.;   Taschenbuch der Mathematik.
(1985)   Semendjajew,   22. Aufl.
                K.A.:   Leipzig: Teubner, 1985

Bullinger   Bullinger, H.-   Simulation flexibler Arbeits- und Nutzungs-
(1990)   J.; Rally, P.;   zeitmodelle.
                Schweizer, W.:   In: VDI-Z 132 (1990) Nr. 4, S. 55-59

Bullinger (1991)	Bullinger, H.-J.; Schlund, M.:	Die Fertigung muß dezentral organisiert werden. In: Technica (1991) Nr. 10, S. 31-39
Bullinger (1992)	Bullinger, H.-J.:	Personalentwicklung und -qualifikation. Berlin u.a.: Springer, 1992
Bullinger (1993a)	Bullinger, H.-J.; Fröschle, H.-P.; Brettreich-Teichmann, W.:	Informations- und Kommunikationsinfrastrukturen für innovative Unternehmen. In: zfo Zeitschrift für Innovations-Management (1993) Nr. 4, S. 225-234
Bullinger (1993b)	Bullinger, H.-J.; Thines, M.; Bamberger, R.:	Werkstattsteuerung mit Leitständen. In: Technica (1993) Nr. 10, S. 14-21
Bullinger (1995)	Bullinger, H.-J.; Bamberger, R.; Hofmann, A.:	Auswahl und Einführung von Leitständen. In: CIM Management 11 (1995) Nr. 1, S. 35-39
Chankong (1983)	Chankong, V.; Haimes, Y.Y.:	Multi-Objective Decision Making: Theory and Methodology. New York; Amsterdam; Oxford: North Holland, 1983
Chew (1991)	Chew, K.L.:	Cyclic Schedule for Apron Services. In: Journal of the Operational Research Society 42 (1991) Nr. 12, S. 1061-1069
CIM-AG (1992)	Geck, K.:	Das Informationsmodell des Fertigungsablaufs. In: Jahresbericht 1992 des Arbeitskreises 3.1 der CIM-AG. Stuttgart: IPA-FhG, 1992

Corsten (1994)   Corsten, H.:   Produktionswirtschaft.
4. Aufl.
München; Wien: Oldenbourg, 1994

Dangelmaier (1984)   Dangelmaier, W.:   Ansätze zur Fertigungsplanung und -steuerung bei Serienfertigung.
In: wt Zeitschrift für industrielle Fertigung 74 (1984) Nr. 6, S. 341-344

Dangelmaier (1992)   Dangelmaier, W.:   Strategien der Fertigungssteuerung im Vergleich.
In: ZwF Zeitschrift für wirtschaftliche Fertigung 87 (1992) Nr. 2, S. 84-88

Dangelmaier (1993)   Dangelmaier, W.:   Fertigungssteuerung im CIM-Umfeld.
In: Modell der Fertigungssteuerung / Warnecke, H.-J.; Schuster, R. (Hrsg.).
Berlin; Wien; Zürich: Beuth, 1993, S. 2-8

Dauzère-Péres (1994)   Dauzère-Péres, S.; Lasserre, J.-B.:   An Integrated Approach in Production Planning and Scheduling.
Berlin; Heidelberg: Springer, 1994
(Lecture Notes in Economics and Mathematical Systems 411)

Degen (1997)   Degen, K.-H.:   Ressourcenplanung in der Produktion.
In: FB/IE Zeitschrift für Unternehmensentwicklung und Industrial Engineering 46 (1997) Nr. 1, S. 14-18

Dichtl (1987)   Dichtl, E.; Issing, O.:   Vahlens großes Wirtschaftslexikon. Bd. 1 A - K.
München: Vahlen, 1987

DIN 40 003   Vornorm DIN V ENV 40 003. 19.04.1990:
Rechnerintegrierte Fertigung, System Architektur: Rahmenwerk für Unternehmensmodellierung

DIN 19226   DIN 19226 Teil 1:
Regelungs- und Steuerungstechnik: Begriffe,
Allgemeine Grundlagen

DIN 19236   DIN 19236 Teil 1:
Messen, Steuern, Regeln: Optimierung, Begriffe

Dittmayer   Dittmayer, S.:   Arbeits- und Kapazitätsteilung in der Montage.
(1981)   Stuttgart, Univ., Diss., 1981

Dubois (1994)   Dubois, D.;   Propagation and Satisfaction of Flexible
                     Fargier, H.;   Constraints.
                     Prade, H.:   In: Fuzzy Sets, Neural Networks and Soft
Computing / Yager, R.R.; Zadeh, L.A. (Hrsg.).
New York: Van Nostrand Reinhold, 1994, S.
166-187

Duden (1967)   Der Große Duden. Band 1. Rechtschreibung.
16., erw. Aufl.
Mannheim; Zürich: Dudenverlag, 1967

Dudenhausen   Dudenhausen,   Auftragsmanagement in virtuellen Unternehmen.
(1996)   H.-M.; u.a.:   In: Industrie Management 12 (1996) Nr. 6, S. 18-
23

Duran (1987)   Duran, F.:   A large mixed-integer production and distribution
program.
In: EJOR European Journal of Operations
Research 28, S. 207-217

Dye (1997)   Dye, R.:   Finity: an integrated solution to production
                                    planning and scheduling in process manufacturing
                                    industries.
                                    In: ILOG Optimization. Extract from the
                                    International Users´ Conference. Production
                                    Planning and Scheduling. Ref. 97 pr 02.
                                    Landings Drive, Mountain View, CA, 1997 -
                                    Firmenschrift

Endl (1980)   Endl, K.; Luh,   Analysis I. Eine integrierende Darstellung.
                  W.:   6. Aufl.
                                    Wiesbaden: Akademische Verlagsgesellschaft,
                                    1980

ENV 6385   Vornorm ENV 26 385: Prinzipien der Ergonomie
(1990)   in der Auslegung von Arbeitssystemen

Eversheim   Eversheim, W.:   Organisation in der Produktionstechnik. Band 4.
(1989)   Fertigung und Montage.
                                    2., neubearb. u. erw. Aufl.
                                    Düsseldorf: VDI-Verlag, 1989
                                    (Studium und Praxis)

Faigle (1994)   Faigle, U.:   Some recent results in the analysis of greedy
                                    algorithms for assignment problems.
                                    In: OR Spektrum 15 (1994), S. 181-188

Fandel (1994)   Fandel, G.;   PPS-Systeme.
                  Francois, P.;   Berlin; Heidelberg: Springer, 1994
                  Gubitz, K.-M.:

Fischer (1995)   Fischer, J.:   Fuzzy-Mengen und Fuzzy-Optimierung.
                                    Festschrift zur 25-Jahr-Feier des Fachbereichs
                                    Mathematik an der Fachhochschule Stuttgart, 1995

Fleischmann (1988) Fleischmann, B.: Operations-Research-Modelle und -Verfahren in der Produktionsplanung.
In: ZfB 58 (1988) Nr. 3, S. 347-372

Fourer (1993) Fourer, R.; Gay, D.M.; Kernighan, B. W.: AMPL, a Modeling Language for Mathematical Programming.
Murray Hill, New Jersey: Scientific Press, 1993

Fu (1995) Fu, Z.: Monitoring und Steuerung der Werkzeugbereitstellung in einer NC-Werkstattfertigung.
Düsseldorf: VDI Verlag, 1994
(Fortschr.-Ber. VDI; Reihe 2; Nr. 367)
Zugl. Hannover, Univ., Diss., 1995

Fuchs (1990) Fuchs, R.-M.: Ein Planungsverfahren zur Erkennung und Bewältigung von Material- und Kapazitätsengpässen bei mehrstufiger Linienfertigung.
Stuttgart, Univ., Diss., 1990

Gaugler (1992) Gaugler, E.: Personal als kapazitätsbestimmender Faktor.
In: Kapazitätsmessung, Kapazitätsgestaltung, Kapazitätsoptimierung - eine betriebswirtschaftliche Kernfrage / Corsten, H.; u.a. (Hrsg.).
Stuttgart: Schäffer-Poeschel, 1992, S. 3-14

Gavish (1991) Gavish, B.; Pirkul, H.: Algorithms for the multi-resource generalized assignment problem.
In: Management Science 37 (1991) Nr. 6, S. 695-713

Geske (1997) Geske, U.; Goltz, H.-J.; John, U.: Industrielle Anwendungen constraintbasierter Planung und Konfiguration.
In: Industrie Management 13 (1997) Nr. 6, S. 38-42

Gronau (1997) Gronau, N.:   Einbindung von PPS-Systemen in die industrielle
                              Informationsarchitektur.
                              In: Industrie Management special: Sonderheft
                              PPS-Management (1997), S. P26-P36

Gubitz (1995) Gubitz, K.-M.; Führer durch die PPS-Vielfalt.
               Wolf, J.:   In: wt. - Produktion und Management 85 (1995),
                              S. 123-126

Günther (1989) Günther, H.-O.: Personalkapazitätsplanung und Arbeitsflexibili-
                              sierung.
                              In: Integration und Flexibilität / Dietrich Adam
                              (Hrsg.). Wiesbaden: Gabler, 1989, S. 303-334

Günther (1992) Günther, H.-O.: Netzplanorientierte Auftragsterminierung bei
                              offener Fertigung.
                              In: OR Spektrum 14 (1992), S. 229-240

Günther (1994) Günther, H.-O.; Produktion und Logistik.
               Tempelmeier,   2. Aufl.
               H.:   Berlin u.a.: Springer, 1994
                              (Springer-Lehrbuch)

Gutenberg   Gutenberg, E.: Grundlagen der Betriebswirtschaftslehre. Band 1.
(1979)   Die Produktion. 23. Aufl.
                              Berlin u.a.: Springer, 1979

Hackstein   Hackstein, R.; Personalbedarfsplanung.
(1975)   Nüssgens,   In: Handwörterbuch des Personalwesens /
              K.H.; Uphus,   Gaugler, E. (Hrsg.). Stuttgart: Poeschel, 1975,
              P.H.:   S. 1489-1497

Hackstein   Hackstein, R.: Produktionsplanung und -steuerung (PPS).
(1989)   2., überarb. Aufl.
                              Düsseldorf: VDI-Verlag, 1989

Ham (1985) Ham, I.; Group Technology.
Hitomi, K.; Kluwer-Nijhoff, 1985
Yoshida, T.:

Hanssmann Hanssmann, F.: Einführung in die Systemforschung.
(1993) 4., unwesentl. veränd. Aufl.
München; Wien: Oldenbourg, 1993

Hanssmann Hanssmann, F.: Vierzig Jahre Operations Reasearch im interna-
(1995) tionalen Vergleich.
In: technologie & management 44 (1995) Nr. 4,
S. 175-178

Hillier (1980) Hillier, F.S.; Operations Research.
Lieberman, G. 3. Aufl.
J.: San Francisco: Holden-Day, 1980

Hitomi (1994) Hitomi, K.: Manufacturing Systems: Past, present and for the
future.
In: International Journal of Manufacturing System
Design 1 (1994) Nr. 1, S. 1-17

Holland (1995) Holland, M.; Produktdatenmanagement auf Basis von ISO
Machner, B.: 10303 - STEP.
In: CIM Management 11 (1995) Nr. 4, S. 32-40

ILOG (1994) ILOG Inc.: ILOG SOLVER: Technical Specifications for
Version 2.
Landings Drive, Mountain View, CA, 1994 -
Firmenschrift

ILOG (1996) ILOG Inc.: ILOG's optimization suite.
Landings Drive, Mountain View, CA, 1996 -
Firmenschrift

ILOG (1997)　　ILOG Inc.:　　ILOG Optimization. Extract from the International
Users´ Conference. Production Planning and
Scheduling. Ref. 97 pr 02.
Landings Drive, Mountain View, CA, 1997 -
Firmenschrift

Johnson (1954)　Johnson, S.M.:　Optimal two- and three-stage production schedules
with set-up time included.
In: Naval Research Logistics Quarterly 1 (1954)
Nr. 1, S. 61-68

Kahle (1991)　　Kahle, E.:　　Produktion.
3. völlig neu bearb. Aufl.
München; Wien: Oldenbourg, 1991

Kaluza (1994)　Kaluza, B.:　　Rahmenentscheidungen zu Kapazität und
Flexibilität produktionswirtschaftlicher Systeme.
In: Handbuch Produktionsmanagement / Corsten,
H. (Hrsg.). Wiesbaden: Gabler, 1994

Karmarkar　　Karmarkar, U.　Manufacturing Lead Times, Order Release and
(1993)　　　　S.:　　　　Capacity Loading.
In: Logistics of Production and Inventory /
Graves, S.C.; u.a. (Hrsg.). Amsterdam: North-
Holland, 1993, S. 287-329

Köhler (1997)　Köhler, A.:　　Produktions- und Technologiekonzepte der Luft-
und Raumfahrtindustrie als Trendsetter für andere
Branchen.
In: Hochintegriert und hochintelligent: Fabriken
der neuen Generation: 5. Stuttgarter
Innovationsforum F 25, 3./4. Juni 1997 in
Stuttgart / Westkämper, E.; Schraft, R.D. (Hrsg.).
Stuttgart, ohne Verlag, 1997, S. 255-300

Kollmuß   Kollmuß, R.:   Höhere Kundenzufriedenheit durch
(1994)   Auftragsflußregelung.
                                  In: ZwF Zeitschrift für wirtschaftliche Fertigung
                                  89 (1994) Nr. 1-2, S. 49-51

König (1997a) König, S.:   Alleinstellungsmerkmale durch Produktions- und
                                  Logistikkompetenz.
                                  In: Hochintegriert und hochintelligent: Fabriken
                                  der neuen Generation: 5. Stuttgarter
                                  Innovationsforum F 25, 3./4. Juni 1997 in
                                  Stuttgart / Westkämper, E.; Schraft, R.D. (Hrsg.).
                                  Stuttgart, ohne Verlag, 1997, S. 67-78

König (1997b) König, S.:   Ein Verfahren zur Analyse von Problemen der
                                  Ressourcenabstimmung auf Basis synergetischer
                                  Mustererkennung.
                                  Stuttgart, Univ., Diss., 1997

Korluth (1962) Korluth, K.:   A Kludge Computer Lexikon.
                                  In: Datamation 8 (1962) Nr. 12, S. 21

Kosiol (1964) Kosiol, E.:   Betriebswirtschaftslehre und Unternehmens-
                                  forschung.
                                  In: Zeitschrift für Betriebswirtschaft 34 (1964) Nr.
                                  12, S. 743-762

Kosiol (1966) Kosiol, E.:   Die Unternehmung als wirtschaftliches
                                  Aktionszentrum - Einführung in die Betriebswirt-
                                  schaftslehre.
                                  Reinbeck bei Hamburg: Rowohlt, 1966

Kossbiel   Kossbiel, H.:   Personalbereitstellung und Personalführung.
(1988)   In: Allgemeine Betriebswirtschaftslehre / Jacob,
                                  H. (Hrsg.). Wiesbaden: Gabler, 1988, S. 1049-
                                  1255

Kossbiel
(1992)

Kossbiel, H.:

Personaleinsatz und Personaleinsatzplanung.
In: Handwörterbuch des Personalwesens. 2.,
neubearb. und erg. Aufl. / Gaugler, E.; Weber,
W. (Hrsg.). Stuttgart: Schäffer-Poeschel, 1992,
S. 1654-1666
(Enzyklopädie der Betriebswirtschaftslehre;
Band 5)

Kühnle (1987)

Kühnle, H.:

Produktionsmengen- und Terminplanung bei
mehrstufiger Linienfertigung.
Stuttgart, Univ., Diss., 1987

Kurbel (1995)

Kurbel, K.:

Produktionsplanung und -steuerung.
2., verb. Aufl.
München; Wien: Oldenbourg, 1995

Kurz (1994)

Kurz, J.:

Ein Verfahren zur kostenoptimalen
Produktionsprogramm- und Kapazitätsplanung bei
losweiser Fertigung.
Stuttgart, Univ., Diss., 1994

Laux (1982)

Laux, H.:

Entscheidungstheorie. Band 1. Grundlagen.
Berlin; Heidelberg; New York: Springer, 1982

Lawler (1993)

Lawler, E.L.;
u.a.:

Sequencing and Scheduling: Algorithms and
Complexity.
In: Logistics of Production and Inventory /
Graves, S.C.; u.a. (Hrsg.). Amsterdam: North-
Holland, 1993, S. 445-522

Leibinger
(1997)

Leibinger, B.:

Wir müssen uns zu diesem Standort bekennen.
In: Schorndorfer Nachrichten 52 (1997) Nr. 84,
S. 4

Leinhäuser   Leinhäuser, U.:   Optimierung von Leistungen und Kosten des
(1996)   Werkzeugwesens in spanenden Fertigungen.
                                     Düsseldorf: VDI-Verlag, 1996
                                     (Fortschr.-Ber. VDI; Reihe 2; Nr. 383)

Leopold (1997)   Leopold, N.:   Ein Planungsverfahren zur Kapazitätsabstimmung
                                     für Modell-Mix-Montagelinien am Beispiel einer
                                     Automobil-Endmontage.
                                     Stuttgart, Univ., Diss., 1997

Limbach   Limbach, M.:   Planung der Personalanpassung.
(1987)   Köln: Wirtschaftsverlag Bachem, 1987

Litzba (1996)   Litzba, U.:   Deutsche Unternehmen mögen Objektorientierung.
                                     In: Computerwoche 23 (1996) Nr. 47, S. 17

Luczak (1996)   Luczak, H.;   Aachener PPS-Modell. Das morphologische
                  Eversheim, W.:   Merkmalsschema.
                                     Sonderdruck 4/90. 5. Aufl.
                                     Aachen, 1996 - Firmenschrift

Luczak (1997)   Luczak, H.;   Marktspiegel. PPS-Systeme auf dem Prüfstand.
                  Eversheim, W.:   6. aktual. und überarb. Aufl.
                                     Köln: Verlag TÜV Rheinland, 1997

Manager-   Krogh, H.:   Echsenmeister.
Magazin (1996)   In: Manager-Magazin 26 (1996) Nr. 12, S. 113

Marks (1991)   Marks, S.:   Gemeinsame Gestaltung von Technik und
                                     Organisation in soziotechnischen kybernetischen
                                     Systemen.
                                     Düsseldorf: VDI-Verlag, 1991.
                                     Zugl. Aachen, Techn. Hochsch., Diss., 1991

Mayer (1988)   Mayer, J.:   Werkzeugorganisation für flexible Fertigungs-
                                    zellen und -systeme.
                                    Berlin u.a.: Springer, 1988
                                    Zugl. Stuttgart, Univ., Diss., 1988

Mertens (1992)   Mertens, P.:   MRP II - Ein Beitrag zur Kapazitätswirtschaft im
                                    Industriebetrieb.
                                    In: Kapazitätsmessung, Kapazitätsgestaltung,
                                    Kapazitätsoptimierung - eine betriebswirtschaft-
                                    liche Kernfrage / Corsten, H.; u.a. (Hrsg.).
                                    Stuttgart: Schäffer-Poeschel, 1992, S. 27-45

Mertens (1995)   Mertens, P.:   Integrierte Informationsverarbeitung 1.
                                    Administrations- und Dispositionssysteme in der
                                    Industrie.
                                    8. völlig neu bearb. u. erw. Aufl.
                                    Wiesbaden: Gabler, 1995

Metzger (1977)   Metzger, H.:   Planung und Bewertung von Arbeitssystemen in
                                    der Montage.
                                    Stuttgart, Univ., Diss., 1977

Missbauer   Missbauer, H.:   Auftragsfreigabe im Rahmen eines dezentralen
(1989)   PPS-Systems.
                                    In: Neuere Konzepte der Produktionsplanung und
                                    -steuerung / Zäpfel, G. (Hrsg.). Linz:
                                    Universitätsverlag Rudolf Trauner, 1989, S. 61-
                                    77

Möhle (1996)   Möhle, S.;   Kann man ein einfaches PPS-System mit
                 Braun, M.;   Microsoft-Bausteinen entwickeln?
                 Mertens, P.:   In: Industrie Management 12 (1996) Nr. 5, S. 47-
                                    52

Möller (1996)   Möller, J.:   Kennliniengestützte Auslegung von Fabrik-
strukturen.
Hannover: VDI-Verlag, 1996
(Fortschr.-Ber. VDI; Reihe 2: Fertigungstechnik;
Nr. 389)

Montazeri   Montazeri, M.;   Scheduling rules for manufacturing systems.
(1986)   Wassenhove, L.   K. U. Leuven, Dept. of Industrial Management,
               van: 1986 - Working Paper 86-01

Moßmann   Moßmann, M.;   Mehrere Ressourcen optimal verplant.
(1993)   Aupperle, G.;   In: wt Wissenschaft und Technik 83 (1993)
              Böckmann, F.:   Nr. 7-8, S. 56-58

Muche (1989)   Muche, G.:   Personalplanung bei gegebener
Personalausstattung: Ansätze zur
Personalverwendungsplanung.
Göttingen: Vandenhoeck u. Ruprecht, 1989
(Schriftenreihe des Seminars für Allgemeine
Betriebswirtschaftslehre der Universität Hamburg;
Band 32)

Müller-   Müller-   Operations Research: Methoden und Modelle der
Merbach   Merbach, H.:   Optimalplanung.
(1971)   2., neubearb. und erw. Aufl.
München: Vahlen, 1971

Müller-   Müller-   Operations Research.
Merbach   Merbach, H.:   3. Aufl.
(1979)   München: Vahlen, 1979

Müller-   Müller-   Die ungenutzte Synergie zwischen Operations
Merbach   Merbach, H.:   Research und Wirtschaftsinformatik
(1992)   In: Wirtschaftsinformatik 34 (1992) Nr. 3, S. 334-
339

Neumann   Neumann, J.   Spieltheorie und wirtschaftliches Verhalten.
(1973)   von; Morgen-   3., Aufl.
                 stern, O.:   Würzburg: Physica-Verlag, 1973

Nolting (1990)   Nolting, F.-W.;   Aufträge und Vorgabezeiten im Abgleich mit der
                 Schlüter, K.:   Produktionsüberwachung optimieren.
                                      In: ZwF Zeitschrift für wirtschaftliche Fertigung
                                      85 (1990) Nr. 12, S. 625-628

Ordenewitz   Ordenewitz, R.:   Betriebsweite Bereitstellung von
(1996)   Werkzeuginformationen.
                                      Berlin u.a.: Springer, 1996.
                                      Zugl. Stuttgart, Univ., Diss., 1996

Petrov (1968)   Petrov, V.A.:   Flowline Group Production Planning.
                                      Business Publications, 1968

Pfeifer (1996) Pfeifer, T.:   Qualitätsmanagement: Strategien, Methoden,
                                      Techniken.
                                      2. vollst. überarb. und erw. Aufl.
                                      München; Wien: Hanser, 1996

Pichler (1975) Pichler, F.:   Mathematische Systemtheorie.
                                      Berlin; New York: de Gruyter, 1975

Pieske (1990)   Pieske, R.:   Die Sicherung der ökonomisch begründeten
                                      Flexibilität von Maschinensystemen im Rahmen
                                      der Investitionsvorbereitung.
                                      In: ZfB 60 (1990) Nr. 10, S. 1045-1063

Pirron (1996)   Pirron, J.;   Entwurf eines Fabrikmodells und Entwicklung
                Aupperle, G.;   einer DV-Plattform zur ganzheitlichen
                Burr, G.:   Fabrikplanung und -steuerung. Strategisches
                                      Eigenforschungsprojekt 17 660 205.
                                      Stuttgart, 1996 - Abschlußbericht

Pressmar (1987)	Pressmar, D. B.:	Produktions- und Ablaufplanung auf der Grundlage von diskreten Produktionszustandsfunktionen. In: Neuere Entwicklungen in der Produktions- und Investitionspolitik / Adam, D. (Hrsg.). Wiesbaden: Gabler, 1987, S. 137-152
Quack (1997)	Quack, K.:	Energieversorger wappnen sich für den Wettbewerb. In: Computerwoche 24 (1997) Nr. 1, S. 47
REFA (1978)	REFA (Hrsg.):	Methodenlehre der Planung und Steuerung. Teil 1. München: Hanser, 1974/78
REFA (1985)	REFA (Hrsg.):	Methodenlehre der Planung und Steuerung. Teil 2. München: Hanser, 1985
REFA (1991)	REFA (Hrsg.):	Methodenlehre der Planung und Steuerung. Teil 2. München: Hanser, 1991
Reister (1990)	Reister, D.:	Entwicklung eines Verfahrens zur projektübergreifenden Personaleinsatzoptimierung. Düsseldorf: VDI-Verlag, 1990 (Fortschr.-Ber. VDI; Reihe 16; Nr. 56)
Rockafellar (1970)	Rockafellar, R. T.:	Convex Analysis. Princeton, New Jersey: Princeton University Press, 1970
Rumbaugh (1993)	Rumbaugh, J.; u.a.:	Objektorientiertes Modellieren und Enwerfen. München: Hanser, 1993

Scherer (1994)   Scherer, E.;   Flexible Konzepte zur Reihenfolgeplanung in der
                  Karlen, W.:   Fließfertigung: Simulated Annealing und Genetic
                                  Algorithm.
                                  BWI Arbeitspapiere zu PPS, Logistik und
                                  Betriebsinformatik Nr. 8.
                                  Betriebswissenschaftliches Institut , ETH Zürich

Schiewer   Schiewer, P.:   Objektorientierung vereinfacht das Customizing
(1996)   von PPS-Systemen.
                                  In: Industrie Management 12 (1996) Nr. 5, S. 53-
                                  54

Schneeweiß   Schneeweiß,   Planung 2. Konzepte der Prozeß- und Modell-
(1992a)   Ch.:   gestaltung.
                                  Berlin u.a.: Springer, 1992
                                  (Springer Lehrbuch)

Schneeweiß   Schneeweiß,   Planung flexibler Personalkapazität.
(1992b)   Ch.:   In: Kapazitätsmessung, Kapazitätsgestaltung,
                                  Kapazitätsoptimierung - eine
                                  betriebswirtschaftliche Kernfrage /
                                  Corsten, H.; u.a. (Hrsg.). Stuttgart: Schäffer-
                                  Poeschel, 1992, S. 15-24

Schönsleben   Schönsleben,   Flexible Produktionsplanung und -steuerung mit
(1985)   P.:   dem Computer.
                                  München: CW-Publikationen, 1985

Schönsleben   Schönsleben,   PPS und Logistik: Pluralistische Ausbildung
(1992)   P.:   nötig.
                                  In: io Management Zeitschrift 61 (1992) Nr. 9,
                                  S. 81-85

Schönsleben   Schönsleben,   Praktische Betriebsinformatik.
(1994)   P.:   Berlin: Springer, 1994

Schönsleben (1996)	Schönsleben, P.:	Informationssysteme in der Logistik zwischen Nutzen und Akzeptanz In: Werkstattmanagement - Organisation und Informatik / Scheerer, E.; Schönsleben, P.; Ulich, E. (Hrsg.). Zürich: vdf Hochschulverlag AG an der ETH Zürich, 1996, S. 175-185
Schönsleben (1998)	Schönsleben, P.:	Integrales Logistikmanagement. Berlin: Springer, 1998
Schrade(1997)	Schrade, M.:	Komplexe Fertigungsdaten mit Standardsoftware verknüpfen. In: Computerwoche 24 (1997) Nr. 11, S. 24
Schulte (1995)	Schulte, J.:	Werkstattsteuerung mit genetischen Algorithmen und simulativer Bewertung. Stuttgart, Univ., Diss., 1995
Sonderfor-schungsbereich (1996)	Universität Stuttgart:	Sonderforschungsbereich 1546: Wandlungsfähige Produktionssysteme im turbulenten Umfeld. Stuttgart, 1996 - Finanzierungsantrag 1997, 1998, 1999
Studie (1996)	Fraunhofer Institut Produktionstechnik und Automatisierung; Fraunhofer Institut Software- und Systemtechnik:	Gemeinsame Studie: Adaption der Informations- und Kommunikationsinfrastruktur für produzierende Unternehmen mit dezentraler Struktur. Stuttgart; Berlin, 1996 - Firmenschrift

Tempelmeier (1996) — Tempelmeier, H.; Kuhn, H.: Softwaretools zur Kapazitätsplanung flexibler Produktionssysteme. In: Industrie Management 12 (1996) Nr. 3, S. 29-33

tidy-up Model (1997) — mip GmbH & Co. Berlin: tidy up model USER MANUAL

Unbehauen (1993) — Unbehauen, R.: Systemtheorie. 6., verb. Aufl. München; Wien: Oldenbourg, 1993

Varga (1991) — Varga, J.: Angewandte Optimierung. Mannheim; Wien; Zürich: BI-Wiss.-Verl., 1991

VDI (1993) — VDI Richtlinie 3633 Blatt 1 1993: Simulation von Logistik-, Materialfluß- und Produktionssystemen: Grundlagen

Vollmann (1991) — Vollmann, T.E.; Berry, W.L.; Whybark, D.W.: Manufcturing Planning and Control Systems. 3. Aufl. Homewood; Boston: Irwin, 1991

Vollmer (1996) — Vollmer, E.: Ein simulationsgestütztes Verfahren zur Wirtschaftlichkeitsbestimmung von Fertigungsprozessen mit Stückgutcharakter. Stuttgart, Univ., Diss., 1996

Warnecke (1986) — Warnecke, H.-J.; Dangelmaier, W.: Einige Gedanken zur Integration in CIM-Systemen. In: CIM Management 2 (1986), S. 76-83

Warnecke
(1993)

Warnecke, H.-
J.; Braun, H.-
J.:

Organisationssstrukturen im Wandel - die Fraktale
Fabrik.
In: Technik Trendbuch 1993 / Selzle, H. (Hrsg.).
Landsberg: publikationsgesellschaft moderne
industrie, 1993, S. 134-141

Warnecke
(1995a)

Warnecke, H.-
J.:

Der Produktionsbetrieb 1. Organisation, Produkt,
Planung.
3. Aufl.
Berlin; Heidelberg; New York: Springer, 1995

Warnecke
(1995b)

Warnecke, H.-
J.:

Der Produktionsbetrieb 2. Produktion,
Produktionssicherung.
3. Aufl.
Berlin; Heidelberg; New York: Springer, 1995

Warnecke
(1996)

Warnecke, G.;
u.a.:

Aufbau und Anwendungen eines integrierten
Prozeßmodells für die Produktion.
In: Industrie Management 12 (1996) Nr. 5,
S. 21-25

Weber (1990)

Weber, R.;
Werners, B.;
Zimmermann,
H.-J.:

Planning models for research and development.
In: European Journal of operational Research 48
(1990) Nr. 2, S. 175-188

Westkämper
(1989)

Westkämper,
E.:

Strukturen von CIM-Systemen mit integrierter
Auftragsabwicklung.
In: CAD CAM CIM Sonderteil in Hanser-
Fachzeitschriften Februar 1989, S. CA57- CA61

Westkämper
(1991a)

Westkämper, E.
(Bd.-Hrsg.):

Integrationspfad Qualität.
Berlin u.a.; TÜV Rheinland, 1991.
(CIM-Fachmann)

Westkämper   Westkämper,   Werkstattsteuerung und Leittechnik in der
(1991b)   E.:   logistischen Produktion.
                                    In: VDI-Berichte (1991) Nr. 890, S. 1-40

Westkämper   Westkämper,   CIM und Lean Production: Die rechnerintegrierte
(1992)   E.:   Produktion an der Schwelle zur zweiten
                                    Generation.
                                    In: VDI-Z 134 (1992) Nr. 10, S. 14-21

Westkämper   Westkämper,   Zertifizierung: Anstoß für ein Reengineering der
(1994a)   E.:   Produktion.
                                    In: Zertifizierung (Sonderteil in Hanser
                                    Fachzeitschriften 1994), S. 88-93

Westkämper   Westkämper,   Die Produktion bestandsorientiert steuern.
(1994b)   E.:   In: VDI-Z 136 (1994) Nr. 5, S. 28-30

Westkämper   Westkämper,   Integrated Production and Assembly Shop Floor
(1994c)   E.:   Control Systems for the Woodworking Industry.
                                    In: Proceedings of the CIFAC '94, Atlanta, USA /
                                    Wood Machine Institute (Hrsg.). Berkeley,
                                    California, 1994, S. 33-47

Westkämper   Westkämper,   Manufacturing on Demand.
(1996a)   E.:   In: Gewinnen am Standort Deutschland - Beispiele
                                    für Quantensprünge: 4. Stuttgarter Innovations-
                                    forum, 12./13. September 1996 in Stuttgart /
                                    Warnecke, H.-J.; Bullinger, H.-J. (Hrsg.). Berlin
                                    u.a.: Springer, 1996, S. 11-24

Westkämper   Westkämper,   Wandlungsfähige Unternehmensstrukturen.
(1996b)   E.:   In: Siemens-Zeitschrift Special FuE (1996/97),
                                    S. 5-7

Westkämper (1997a)	Westkämper, E.; Hüser, M.:	Die Rolle der Zeitwirtschaft in wandlungsfähigen Unternehmensstrukturen. In: FB/IE Zeitschrift für Unternehmensentwicklung und Industrial Engineering 46 (1997) Nr. 1, S. 19-23
Westkämper (1997b)	Westkämper, E.:	Fabriken der neuen Generation. In: Hochintegriert und hochintelligent: Fabriken der neuen Generation: 5. Stuttgarter Innovationsforum F 25, 3./4. Juni 1997 in Stuttgart / Westkämper, E.; Schraft, R.D. (Hrsg.). Stuttgart, 1997, S. 9-22
Wiendahl (1988)	Wiendahl, H.-P.:	Betriebsorganisation für Ingenieure. München; Wien: Hanser, 1988
Wiendahl (1991)	Wiendahl, H.-P.:	Logistische Positionierung der Fertigungssteuerung mit Hilfe von Betriebskennlinien. In: Belastungsorientierte Fertigungssteuerung, 21./22. Februar 1991 in Bad Soden/Ts. / Ausschuß für wirtschaftliche Fertigung (AWF) e.V. (Hrsg.), 1991
Wiendahl (1993)	Wiendahl, H.-P.; Nyhuis, P.:	Die logistische Betriebskennlinie - ein neuer Ansatz zur Beherrschung der Produktionslogistik. In: RKW - Handbuch Logistik / Rationalisierungs-Kuratorium der deutschen Wirtschaft (RKW) e.V. (Hrsg.). Frankfurt: Erich Schmidt, 1993, S. 3-36
Wiendahl (1995)	Wiendahl, H.-P.; Möller, J.; Nyhuis, P.:	Engpassorientierte Logistikanalyse auf der Basis von Betriebskennlinien. In: io Management Zeitschrift 64 (1995) Nr. 5, S. 27-33
Wiendahl (1997)	Wiendahl, H.-P.:	Betriebsorganisation für Ingenieure. 4. vollst. überarb. Aufl. München; Wien: Hanser, 1997

XPRESS-MP
(1993)

XPRESS-MP. Mathematical Programming
Software. USER GUIDE. Northants: Dash
Associates, 1993

Yamamoto
(1997)

Yamamoto, I.:

Wie sieht die neue Fabrikgeneration in Japan aus?
In: Hochintegriert und hochintelligent: Fabriken
der neuen Generation: 5. Stuttgarter
Innovationsforum F 25, 3./4. Juni 1997 in
Stuttgart / Westkämper, E.; Schraft, R.D. (Hrsg.).
Stuttgart, ohne Verlag, 1997, S. 51-65

Zahn (1984)

Zahn, E.:

Operative Planung.
Stuttgart, 1984 - Vorlesungsskript

Zahn (1996)

Zahn, E.;
Schmid,U.:

Produktionswirtschaft 1. Grundlagen und
operatives Produktionsmanagement.
Stuttgart: Lucius & Lucius, 1996

Zäpfel (1989a)

Zäpfel, G.:

Strategisches Produktionsmanagement.
Berlin u.a.: de Gruyter, 1989

Zäpfel (1989b)

Zäpfel, G.:

Taktisches Produktionsmanagement.
Berlin u.a.: de Gruyter, 1989

Zimmermann
(1984)

Zimmermann,
A.:

Evolutionsstrategische Modelle bei einstufiger,
losweiser Produktion.
Stuttgart, Univ., Diss., 1984

Zimmermann
(1991)

Zimmermann,
H.-J.; Gutsche,
L.:

Multi-Criteria-Analyse.
Berlin u.a.: Springer, 1991

Zülch (1979).

Zülch, G.:

Entwicklung eines lexikographischen
Zuordnungsmodells zur qualitativen
Personaleinsatzplanung auf der Basis gemischt
skalierter Anforderungs- und Fähigkeitsmerkmale.
Aachen, Techn. Hochsch., Diss., 1979

IPA Forschung und Praxis

Schriftenreihe aus dem Institut für Produktionstechnik und Automatisierung, Stuttgart

Herausgeber: Prof. Dr.-Ing. Dr. h. c. mult. H.-J. Warnecke

Datenerfassung im Produktionsbereich
Von E. Bendeich. ISBN 3-7830-0117-8.
1977, 176 Seiten, kartoniert.   54,— DM

Methodenauswahl für die Materialbewirtschaftung in Maschinenbau-Betrieben
Von H. Graf. ISBN 3-7830-0136-6.
1977, 144 Seiten, kartoniert.   54,— DM

Systematische Auswahl von Förderhilfsmitteln für den innerbetrieblichen Materialfluß
Von W. Rau. ISBN 3-7830-0139-0.
1977, 103 Seiten, kartoniert.   40,— DM

Grundlagen zur Planung von Ersatzteilfertigungen
Von E. Schulz. ISBN 3-7830-0138-2.
1977, 98 Seiten, kartoniert.   40,— DM

Rechnerunterstützte Fabrikplanung
Von B. Minten. ISBN 3-7830-0116-1.
1977, 124 Seiten, kartoniert.   38,— DM

Eine Planungsmethode für automatische Montagesysteme
Von H.-G. Löhr. ISBN 3-7830-0120-X.
1977, 108 Seiten, kartoniert.   32,— DM

Planung und Bewertung von Arbeitssystemen in der Montage
Von H. Metzger. ISBN 3-7830-0131-5.
1977, 108 Seiten, kartoniert.   40,— DM

Klassifizierungssystem für Prüfmittel der industriellen Längenprüftechnik
Von R. Czetto. ISBN 3-7830-0144-7.
1978, 181 Seiten, kartoniert.   64,— DM

Rechnerunterstützte Montageplanung
Von O. Hirschbach. ISBN 3-7830-0149-8.
1978, 146 Seiten, kartoniert.   52,— DM

Rechnerunterstützte Entwicklung von Simulationsmodellen für Unternehmensplanspiele
Von A. Moker. ISBN 3-7830-0147-1.
1978, 181 Seiten, kartoniert.   64,— DM

Arbeitsplatzanalysen zur Ermittlung der Einsatzmöglichkeiten und Anforderungen an Industrieroboter
Von G. Herrmann. ISBN 37830-0151-X.
1978, 113 Seiten, kartoniert.   40,— DM

MFSP — Ein Verfahren zur Simulation komplexer Materialflußsysteme
Von G. Stemmer. ISBN 3-7830-0118-8.
1977, 140 Seiten, kartoniert.   60,— DM

Berührungslose Erkennung durch Positionsbestimmung von Objekten durch inkohärent-optische Korrelation
Von M. König. ISBN 3-7830-0137-4.
1977, 110 Seiten, kartoniert.   40,— DM

Auslegung von Störungspuffern in kapitalintensiven Fertigungslinien
Von R. v. Stetten. ISBN 3-7830-0140-4.
1977, 154 Seiten, kartoniert.   56,— DM

Flexible Transportablaufsteuerung
Von G. Römer. ISBN 3-7830-0114-5.
1977, 188 Seiten, kartoniert.   60,— DM

Rechnergestützte Realplanung von Fabrikanlagen
Von T.-K. Sauter. ISBN 3-7830-0119-6.
1977, 108 Seiten, kartoniert.   32,— DM

Systematisches Auswählen und Konzipieren von programmierbaren Handhabungsgeräten
Von R. D. Schraft. ISBN 3-7830-0115-3.
1977, 108 Seiten, kartoniert.   32,— DM

Auslandsproduktion
Von W. Cypris. ISBN 3-7830-0145-5.
1978, 126 Seiten, kartoniert.   42,— DM

Wirtschaftlicher Einsatz von Mehrkoordinatenmeßgeräten
Von M. Dietzsch. ISBN 3-7830-0148-X.
1978, 142 Seiten, kartoniert.   52,— DM

Fertigungssteuerung bei flexiblen Arbeitsstrukturen
Von K.-G. Lederer. ISBN 3-7830-0146-3.
1978, 128 Seiten, kartoniert.   42,— DM

Untersuchungen zum Polieren und Entgraten durch elektrochemisches Oberflächenabtragen
Von K. Zerwook. ISBN 3-7830-0150-1.
1978, 110 Seiten, kartoniert.   40,— DM

Stufenweise Ableitung eines praktischen Planungssystems für den Entwicklungsbereich
Von R. Hichert. ISBN 3-7830-0149-8.
1978, 151 Seiten, kartoniert.
52.— DM

Produktionsplanung mit Auftragsfamilien
Von U. W. Geitner. ISBN 3-7830-0161.7.
1979, 110 Seiten, kartoniert.
45.— DM

Thermisch-chemisches Entgraten
Von T. Wagner. ISBN 3-7830-0164-1.
1979, 111 Seiten, kartoniert.
45.— DM

Untersuchung der Materialflußkosten bei ausgewählten Systemen der Zentralen Arbeitsverteilung
Von R. Wenzel. ISBN 3-7830-0162-5.
1979, 168 Seiten, kartoniert.
86.— DM

Anpassung und Einführung eines Planungssystems für die Ablaufplanung im Konstruktionsbereich
Von W. Dangelmaier. ISBN 3-7830-0163-3.
1979, 168 Seiten, kartoniert.
80.— DM

Längenmessungen an bewegten Teilen mit berührungslos wirkenden Aufnehmern
Von H. Lang. ISBN 3-7830-0157-9
1979, 89 Seiten, kartoniert.
42.— DM

Untersuchung multistabiler Strömungselemente und ihr Einsatz in sequentiellen Steuerungen
Von A. Ernst. ISBN 3-7830-0157-9.
1979, 122 Seiten, kartoniert.
48.— DM

Taktile Sensoren für programmierbare Handhabungsgeräte
Von M. Schweizer. ISBN 3-7830-0158-7.
1979, 91 Seiten, kartoniert.
42.— DM

Die rechnerunterstützte Prüfplanung
Von P. Blasing. ISBN 3-7830-0152-8.
1979, 100 Seiten, kartoniert.
44.— DM

Verfahren zur Fabrikplanung im Mensch-Rechner-Dialog am Bildschirm
Von W. Ernst. ISBN 3-7830-0156-0.
1979, 218 Seiten, kartoniert.
72.— DM

Rechnerunterstütztes Verfahren zur Leistungsabstimmung von Mehrmodell-Montagesystemen
Von M. Gorke ISBN 3-7830-0155-2.
1979, 139 Seiten, kartoniert
50.— DM

Standortbezogene Betriebsmittel
Von G. Pflieger. ISBN 3-7830-0167-6.
1979, 127 Seiten, kartoniert.
52.— DM

Die betriebswirtschaftliche Beurteilung neuer Arbeitsformen
Von B.-H. Zippe. ISBN 3-7830-0168-4.
1979, 350 Seiten, kartoniert.
98.— DM

Untersuchung des Arbeitsverhaltens programmierbarer Handhabungsgeräte
Von B. Brodbeck. ISBN 3-7830-0169-2.
1979, 117 Seiten, kartoniert
48.— DM

Untersuchung eines kohärent-optischen Verfahrens zur Rauheitsmessung
Von N. Rau. ISBN 3-7830-0174-9
1979, 117 Seiten, kartoniert
48.— DM

Entwicklung einer programmierbaren, pneumatischen Steuerung
Von D. Klemenz. ISBN 3-7830-0171-4
1979, 93 Seiten, kartoniert
42.— DM

IPA Forschung und Praxis

Berichte aus dem Fraunhofer-Institut für Produktionstechnik und
Automatisierung, Stuttgart, und dem Institut für Industrielle Fertigung
und Fabrikbetrieb der Universität Stuttgart

Herausgeber: Prof. Dr.-Ing. Dr. h. c. mult. H.-J. Warnecke

IPA-IAO Forschung und Praxis

Berichte aus dem Fraunhofer-Institut für Produktionstechnik und
Automatisierung (IPA), Stuttgart, Fraunhofer-Institut für Arbeitswirtschaft
und Organisation (IAO), Stuttgart, und Institut für Industrielle Fertigung
und Fabrikbetrieb der Universität Stuttgart

Herausgeber: Prof. Dr.-Ing. Dr. h. c. mult. H.-J. Warnecke und Prof. Dr.-Ing. habil. Prof. E. h. Dr. h. c. H.-J. Bullinger

272 **Berechnung charakteristischer Spritzbild- und Qualitätsmerkmale beim Lackieren**
- Einsatz neuronaler Netze -
Von Pavel Svejda ISBN 3-540-65038-5.
1998, 152 Seiten mit 62 Abbildungen und 29 Tabellen.   88,– DM

273 **Entwicklung eines Systems zur interaktiven Gestaltung und Auswertung von manuellen**
Montagetätigkeiten in der virtuellen Realität
Von Rainer Heger ISBN 3-540-65039-3.
1998, 158 Seiten mit 64 Abbildungen und 6 Tabellen.   88,– DM

274 **Ein Verfahren zur integrierten, prozeßbegleitenden Vorkalkulation für die kostengerechte Konstruktion**
Von Joachim Th. Frech ISBN 3-540-65050-4.
1998, 154 Seiten mit 64 Abbildungen und 23 Tabellen.   88,– DM

275 **Grundlagenuntersuchungen und Weiterentwicklung der automatischen Farbwechseltechnik**
für Wasserlacke
Von Hans-Jürgen Nolte ISBN 3-540-65146-2.
1998, 128 Seiten mit 70 Abbildungen und 10 Tabellen.   88,– DM

276 **Formleitlinien für die Flächenrückführung -**
Extraktion von Kanten und Radiusauslauflinien aus unstrukturierten 3D-Meßpunktmengen
Von Ralph Peter Knorpp ISBN 3-540-65161-6.
1998, 134 Seiten mit 57 Abbildungen und 5 Tabellen.   88,– DM

277 **Erfassen und Verarbeiten komplexer Geometrie in Meßtechnik und Flächenrückführung**
Von Thomas Haller ISBN 3-540-65147-0.
1998, 175 Seiten mit 50 Abbildungen und 10 Tabellen.   88,– DM

278 **Reaktive Abscheidung von Metalloxiden auf Polycarbonat zur Erzeugung transparenter**
Verschleißschutzschichten
Von Patrick Markschläger ISBN 3-540-65502-6.
1998, 164 Seiten mit 85 Abbildungen und 13 Tabellen.   88,– DM

279 **Adaptive Personaleinsatzsteuerung in homogenen Arbeitsgruppen bei sequentieller Auftragsstruktur**
Von Manfred Hüser ISBN 3-540-65505-0.
1998, 144 Seiten mit 53 Abbildungen.   88,– DM

280 **Meßeinrichtung zur direkten Unterscheidung von luftgetragenen biotischen und abiotischen Partikeln**
Von Rüdiger Kölblin ISBN 3-540-65526-3.
1999, 104 Seiten mit 57 Abbildungen.   88,– DM

281 **Untersuchungen von Reinheitssystemen zur Herstellung von Halbleiterprodukten**
Von Jochen Schließer ISBN 3-540-65560-3.
1999, 124 Seiten mit 64 Abbildungen.   88,– DM

282 **Prüfverfahren zur Untersuchung der Partikelkontamination von Reinstgasversorgungskomponenten**
Von Johann Dorner ISBN 3-540-65562-X.
1999, 114 Seiten mit 79 Abbildungen.   88,– DM

283 **Rechnergestützte Gestaltungsvorgaben und Dialogbausteine für grafische Benutzungsschnittstellen**
Von Rolf Ilg ISBN 3-540-65579-4.
1999, 144 Seiten mit 51 Abbildungen und 44 Tabellen.   88,– DM

284 **Eine Architektur verteilter Objekte zur Integration von Produktionsinformationssystemen**
Von Thomas Linsenmaier ISBN 3-540-65636-7.
1999, 158 Seiten mit 66 Abbildungen.   88,– DM

285 **System zur dezentralen Planung von Entwicklungsprojekten im Rapid Product Development**
Von Kai Wörner ISBN 3-540-65637-5.
1999, 170 Seiten mit 48 Abbildungen und 16 Tabellen.   88,– DM

286 **Adhäsives Greifen von kleinen Teilen mittels niedrigviskoser Flüssigkeiten**
Von Karl-Borries Bark ISBN 3-540-65638-3.
1999, 116 Seiten mit 58 Abbildungen.   88,– DM

287 **Ein generisches Optimierungsmodell für Zuordnungs- und Anpassungsaufgaben im Rahmen**
der Kapazitätsabstimmung
Von Gerd Aupperle ISBN 3-540-65639-1.
1999, 180 Seiten mit 59 Abbildungen.   88,– DM